JN273136

電子情報通信レクチャーシリーズ **A-6**

コンピュータの基礎

電子情報通信学会●編

村岡洋一 著

コロナ社

▶電子情報通信学会 教科書委員会 企画委員会◀

- ●委員長　　　　　　　　原島　　博（東京大学名誉教授）
- ●幹事（五十音順）　　　石塚　　満（東京大学名誉教授）
- 　　　　　　　　　　　　大石　進一（早稲田大学教授）
- 　　　　　　　　　　　　中川　正雄（慶應義塾大学名誉教授）
- 　　　　　　　　　　　　古屋　一仁（東京工業大学名誉教授）

▶電子情報通信学会 教科書委員会◀

- ●委員長　　　　　　　　辻井　重男（東京工業大学名誉教授）
- ●副委員長　　　　　　　神谷　武志（東京大学名誉教授）
- 　　　　　　　　　　　　宮原　秀夫（大阪大学名誉教授）
- ●幹事長兼企画委員長　　原島　　博（東京大学名誉教授）
- ●幹事（五十音順）　　　石塚　　満（東京大学名誉教授）
- 　　　　　　　　　　　　大石　進一（早稲田大学教授）
- 　　　　　　　　　　　　中川　正雄（慶應義塾大学名誉教授）
- 　　　　　　　　　　　　古屋　一仁（東京工業大学名誉教授）
- ●委員　　　　　　　　　122名

（2013年11月現在）

刊行のことば

　新世紀の開幕を控えた 1990 年代，本学会が対象とする学問と技術の広がりと奥行きは飛躍的に拡大し，電子情報通信技術とほぼ同義語としての"IT"が連日，新聞紙面を賑わすようになった．

　いわゆる IT 革命に対する感度は人により様々であるとしても，IT が経済，行政，教育，文化，医療，福祉，環境など社会全般のインフラストラクチャとなり，グローバルなスケールで文明の構造と人々の心のありさまを変えつつあることは間違いない．

　また，政府が IT と並ぶ科学技術政策の重点として掲げるナノテクノロジーやバイオテクノロジーも本学会が直接，あるいは間接に対象とするフロンティアである．例えば工学にとって，これまで教養的色彩の強かった量子力学は，今やナノテクノロジーや量子コンピュータの研究開発に不可欠な実学的手法となった．

　こうした技術と人間・社会とのかかわりの深まりや学術の広がりを踏まえて，本学会は 1999 年，教科書委員会を発足させ，約 2 年間をかけて新しい教科書シリーズの構想を練り，高専，大学学部学生，及び大学院学生を主な対象として，共通，基礎，基盤，展開の諸段階からなる 60 余冊の教科書を刊行することとした．

　分野の広がりに加えて，ビジュアルな説明に重点をおいて理解を深めるよう配慮したのも本シリーズの特長である．しかし，受身的な読み方だけでは，書かれた内容を活用することはできない．"分かる"とは，自分なりの論理で対象を再構築することである．研究開発の将来を担う学生諸君には是非そのような積極的な読み方をしていただきたい．

　さて，IT 社会が目指す人類の普遍的価値は何かと改めて問われれば，それは，安定性とのバランスが保たれる中での自由の拡大ではないだろうか．

　哲学者ヘーゲルは，"世界史とは，人間の自由の意識の進歩のことであり，…その進歩の必然性を我々は認識しなければならない"と歴史哲学講義で述べている．"自由"には利便性の向上や自己決定・選択幅の拡大など多様な意味が込められよう．電子情報通信技術による自由の拡大は，様々な矛盾や相克あるいは摩擦を引き起こすことも事実であるが，それらのマイナス面を最小化しつつ，我々はヘーゲルの時代的，地域的制約を超えて，人々の幸福感を高めるような自由の拡大を目指したいものである．

　学生諸君が，そのような夢と気概をもって勉学し，将来，各自の才能を十分に発揮して活躍していただくための知的資産として本教科書シリーズが役立つことを執筆者らと共に願っ

ている．

　なお，昭和55年以来発刊してきた電子情報通信学会大学シリーズも，現代的価値を持ち続けているので，本シリーズとあわせ，利用していただければ幸いである．

　終わりに本シリーズの発刊にご協力いただいた多くの方々に深い感謝の意を表しておきたい．

2002年3月

電子情報通信学会　教科書委員会

委員長　辻　井　重　男

まえがき

　技術を学ぶのは，当然それを使いこなすためです．そのためには，単に事実を理解するだけではなく，なぜそのような技術が考案されたのかという背景も理解しなければなりません．同じ目的を達成するにはいくつもの異なった解があるのが普通です．その中で，現在使われている技術が採用されたのには，それなりの理由があるはずです．その理由を理解できれば，これから新たな技術を自分で開発しなければならなくなったときでも最適の解を導き出すことができるようになります．

　他の分野に比べると，情報処理分野の技術進歩のスピードは格段です．皆さんが学校で学ぶことは恐らく5年もすれば過去のものとなってしまうでしょう．10年もすれば，皆さんより若い技術者が皆さんより先端的な技術を身に付けて社会に出てきます．そのような環境でも若い技術者に伍して活躍するには，技術の基本を理解しておくことが肝要です．そうすれば，どのような時代のどのような新規技術でも理解して使いこなすことが可能となります．

　どのような本であっても，必要な技術のすべてを紹介しつくすことはできません．ですから，本はあくまで入口であって，そこを足掛かりにして必要なことを自ら学ぶ姿勢が大切です．その意味からも本書の演習問題はほとんどが「調査問題」です．必要な参考文献を見つけて学んでください．

　皆さんの一人ひとりがそういった実力をつけて社会に巣立っていかれることを期待しています．

　　2013年12月

村　岡　洋　一

目 次

1. はじめに

2. データの表現

2.1 コンピュータが扱うデータ ……………………………… *4*
2.2 ２進数 …………………………………………………… *4*
2.3 数値の表現 ……………………………………………… *13*
2.4 文字の表現 ……………………………………………… *17*
2.5 画像の表現 ……………………………………………… *18*
2.6 音の表現 ………………………………………………… *19*
本章のまとめ ……………………………………………… *20*
理解度の確認 ……………………………………………… *20*

3. 論理回路の仕組み

3.1 論理回路の基本構成 …………………………………… *22*
3.2 組合せ回路 ……………………………………………… *24*
3.3 順序回路 ………………………………………………… *27*
本章のまとめ ……………………………………………… *32*
理解度の確認 ……………………………………………… *32*

4. アーキテクチャの基本

 4.1 機械語命令 ………………………………………………… *34*
 4.2 割込み …………………………………………………… *43*
 本章のまとめ ………………………………………………… *46*
 理解度の確認 ………………………………………………… *46*

5. 仮想マシンの原理

 5.1 なぜ仮想マシン ………………………………………… *48*
 5.2 仮想マシンとバイトコード …………………………… *49*
 5.3 演算命令 ………………………………………………… *52*
 5.4 メモリアクセス命令 …………………………………… *55*
 5.5 判断分岐命令 …………………………………………… *57*
 5.6 関数呼出しの仕組み …………………………………… *59*
 本章のまとめ ………………………………………………… *62*
 理解度の確認 ………………………………………………… *62*

6. コンパイラの仕組み

 6.1 文法の基本 ……………………………………………… *64*
 6.2 コンパイラの構成 ……………………………………… *69*
  6.2.1 字句解析 ………………………………………… *70*
  6.2.2 構文解析 ………………………………………… *73*
  6.2.3 コード生成 ……………………………………… *80*
  6.2.4 制御文 …………………………………………… *82*
  6.2.5 メモリ割当て …………………………………… *83*
 本章のまとめ ………………………………………………… *84*
 理解度の確認 ………………………………………………… *84*

7. コンピュータサイエンスの香り

- 7.1 情報量 …………………………………………… *86*
- 7.2 計算能力 …………………………………………… *87*
- 7.3 計算可能性 …………………………………………… *94*
- 本章のまとめ …………………………………………… *98*
- 理解度の確認 …………………………………………… *98*

8. オペレーティングシステムの中核

- 8.1 オペレーティングシステムの基本構造 …………… *100*
- 8.2 プロセス …………………………………………… *108*
- 8.3 メモリ管理 ………………………………………… *114*
- 8.4 割込み処理と入出力 ……………………………… *122*
- 8.5 ファイル管理 ……………………………………… *124*
- 本章のまとめ ………………………………………… *125*
- 理解度の確認 ………………………………………… *126*

9. ハードウェアの構成

- 9.1 基本構成要素 ……………………………………… *128*
- 9.2 CPU の構成 ………………………………………… *130*
- 本章のまとめ ………………………………………… *144*
- 理解度の確認 ………………………………………… *144*

参　考　文　献 ………………………………………… *145*
あ　と　が　き ………………………………………… *146*
索　　　　　引 ………………………………………… *147*

1 はじめに

　本書は，コンピュータシステムの**ハードウェア**（hardware）および**ソフトウェア**（software）について基本的な考え方を理解することを目的としています．基本的なプログラミングの知識があれば内容の理解はできるはずです．本書でコンピュータの中身について興味を持ったら，次はぜひより詳しい知識を求めて学習してください．より詳しい技術は，「コンピュータアーキテクチャ」，「言語処理系」，「オペレーティングシステム」などの科目で習うので，本書はそれらに対する入門的位置付けです．

　そのため，本書で説明する事項はどれも一般的なものよりも簡素化されてはいますが，基本的な考え方は十分に学べるはずです．なお，本書に限らず技術の内容は単に暗記するのではなく，なぜそうなったかを含めて「理解」することが重要です．

　コンピュータのソフトウェアおよびハードウェアは，以下のような階層構成をなしています．

　応用プログラムを作成するために使われる C や Java などの高級言語
- 高級言語で書かれたプログラムを仮想マシンの命令列に変換するコンパイラ
- 仮想マシンの命令列を実行するエミュレータ
- エミュレータの実行に使われる機械語命令
- 機械語命令を実行するハードウェア
- ハードウェアを実現する論理回路

　一般の利用者から見えるのは，いわゆる応用プログラム（application program）です．

応用プログラムの例は，WordやExcelなどに加えて，インターネットのメールシステムやブラウザなどがあります．これらの応用プログラムは，**高級言語**（high level language：HLL）またはプログラム言語などで作成されています．この例にはJavaやCなどがあります．

　高級言語は，コンピュータにどのような処理をして欲しいかを，我々が使っている日常の言語（コンピュータの世界では自然言語といいます）にできるだけ近い言葉で記述できるようになっています．しかし，コンピュータは，残念ながらこの高級言語をそのままでは理解してくれません．コンピュータは，**機械語命令**（machine language：ML）という特別の言語を使います．したがって，高級言語で書かれたプログラムを機械語命令に変換することが必要になります．この処理をするプログラムが**コンパイラ**（compiler）です．機械語命令は，あとで説明するようにコンピュータが直接使うので，0と1の組合せですが，これでは人間が理解するのは困難なので，これをもっと分かりやすい文字列の言語で表すことができるようになっています．これを**アセンブラ言語**（assembly language：ASM）といい，アセンブラ言語を機械語に変換するプログラムを**アセンブラ**（assembler）と呼びます．

　以上の仕組みが基本ですが，最近のコンピュータではあとに説明するような理由から，高級言語のプログラムを機械語に変換するのではなく，**仮想マシン**（virtual machine：VM）と呼ぶ機械の命令にいったん変換します．仮想マシン命令のプログラムを実行するプログラムが**VMエミュレータ**（VM emulator）です．

　コンピュータの中で実際に機械語を実行するのが**CPU**（central processing unit，**中央処理装置**）ですが，このCPUが利用者にどのように見えるか（すなわち機械語命令がどのようになっているか）を定義するのが**コンピュータアーキテクチャ**（computer architecture）です．なお，CPUは論理回路（VLSI）の組合せで実現されます．

　以上に説明した高級言語，仮想マシン命令，アセンブラ言語および機械語命令がそれぞれどのようなものか，その例を以下に示します．

```
高級言語      ⇒ コンパイラ       for i=1 to 100 step 1 a[i]=…
仮想マシン命令 ⇒ 仮想マシン       push pop add…
アセンブラ命令 ⇒ アセンブラ       add $2, $3, $8…
機械語命令                       100010010101110…
```

　高級言語からアセンブラ言語までは，人間に分かりやすいように普通の言語に近い表現をとっていますが，機械語命令はコンピュータのハードウェアが処理しますので，0と1の二つの組合せからなるパターンです．

2 データの表現

　本章では，コンピュータの中でデータなどがどのように扱われるかについて説明します．数値データを使った演算の方法や，文字データ，音声データ，画像データなど多様な情報をコンピュータで処理できるようにするための技術を学んでください．

2.1 コンピュータが扱うデータ

それでは，まずコンピュータがどのようにデータを扱うのかから説明します．

コンピュータで扱うデータには数字はもちろん，文字，声や音楽などの音，画像そして映像と多様ですが，コンピュータの中ではすべてのデータは0と1の組合せで表されています．その理由は，コンピュータを実現するために使われている論理回路が二つの値のどちらかをとるように設計されているからです．

具体的には電気のスイッチを考えてみてください．スイッチはonかoffの二つの状態のいずれかをとります．論理回路も同じような動作をしています．例えば，スイッチのonを1に，offを0に，それぞれ対応付けすることによってコンピュータの動作が設計されているのです．詳しくは3章で説明します．

この0または1のデータの単位を1ビット〔bit〕といいます．また，8 bitの集まりをバイト〔byte，B〕といいます．あとで詳しいことは説明しますが，このように0と1で表す数字列のことを**2進数**といいます．2進数で表される数で2^{10}をK（キロ），2^{20}をM（メガ）といいます．10進数のキロ（10^3）やメガ（10^6）とほぼ同じ大きさですが，キロは10進数の場合（小文字のk）と区別するために大文字のKを使います．

2.2 2進数

コンピュータの基本動作は演算ですから，まずコンピュータの中で数がどのように表されるかについて説明します．一般的に，数の表現法を決めるときに，以下のようなことを考える必要があります．

・何進数を使う？　　コンピュータでは2進数を使います．

- 整数および小数の表現は？　　固定小数点表示と浮動小数点表示の方式があります．
- 負の数の表現は？　　補数を使います．
- 数の単位は？　　32 bit（1語）を単位とします．
- オーバーフローについての考慮は？　　無限大などの表現法があります．

もちろん，これ以外の方法を採用しているコンピュータもありますが，上記が代表的な方法です．

一方，我々が日常に使うのは10進数です．10進数では桁の数は0から9までで，これを超えると桁上げが起こります．しかし，一般的には必ずしも10進数である必要はありません．例えば，時間は60進数（60秒で1分，60分で1時間．60を超えると桁上げが起こります）ですし，鉛筆を数えるのは12進数（12本で1ダース）を使います．我々が10進数を使うようになったのは，一説では手の指が左右あわせて10本だったからだそうです．

それでは，一般的にN進数はどのように表記されるのでしょうか．図2.1は，m桁のN進数の表現例です．10進数の場合には，それぞれの桁の数は0から9の間です．同じようにN進数の場合にはそれぞれの桁の数は0から$N-1$の間です．そして，10進数では10で桁上げが起こると同じように，N進数ではNで桁上げが起こります．10進数で書かれた数の値は，特に説明する必要はないですが，N進数で書かれた数の値は図のようになります．先に述べたように，コンピュータの内部では0と1の二つの組合せが使われますので，コンピュータの中の数の表現は2進数です．2進数の表現例も図に示しました．

表記：　$a_{m-1}a_{m-2}\cdots a_2 a_1 a_0$　　$0 \leq a_i \leq N-1$
値：　$Z = a_{m-1}N^{m-1} + \cdots + a_2 N^2 + a_1 N + a_0$
例：　**10進数**　　83 941の値は
　　　　$8 \times 10\,000 + 3 \times 1\,000 + 9 \times 100 + 4 \times 10 + 1$
　　2進数　　11001の値は
　　　　$1 \times 2^4 + 1 \times 2^3 + 0 \times 2^2 + 0 \times 2 + 1 = 25$

図2.1　m桁のN進数の表現例

10進数の0から9（（　）内に示す）までに対応する2進数は

　　　0 ，　1 ，　10，　11，　100，101，110，111，1000，1001
　　　(0)，(1)，(2)，(3)，(4)，(5)，(6)，(7)，(8)，(9)

です．

次に，M進数の数$Z)_M$をN進数に変換する方法について考えてみましょう．

$Z)_M$をN進数で書くと，図2.2のようになります．それではそれぞれの桁の値をどのよ

> $Z)_M$ が M 進数であるとして，これを N 進数で書いたら
> $$Z_0 = a_{m-1}N^{m-1} + \cdots + a_2 N^2 + a_1 N + a_0$$
> $\boldsymbol{Z_0/N}$ の余り：a_0
>   商： $Z_1 = a_{m-1}N^{m-2} + \cdots + a_2 N + a_1$
> $\boldsymbol{Z_i/N}$ の余り：a_i
>   商： $Z_{i+1} = a_m N^{m-i} + a_{m-1}N^{m-i-1} + a_{m-2}N^{m-i-2} + \cdots + a_{i+2}N + a_{i+1}$

図 2.2　M 進数を N 進数に変換

うにすれば求められるでしょうか．この方法は簡単です．N で割っていけばよいのです．N で 1 回割れば余りとして最下位の桁の値が求められます．更にもう 1 回 N で割れば余りとして今度はその次の下位の桁の値が求められます．このような処理を続けていけばよいのです．

コンピュータにおいて使うのは 2 進数ですから，10 進数から 2 進数への変換の例を以下に示します．

```
            256 + 0 + 64 + 32 + 0 + 8 + 0 + 2 + 0  ……10 進数
             :    :   :    :   :   :   :   :   :
   362 →    1    0   1    1   0   1   0   1   0  ……2 進数
             ↑    ↑   ↑    ↑   ↑   ↑   ↑   ↑   ↑ …余り
            1/2  2/2 5/2  11/2 22/2 45/2 90/2 181/2 362/2 …2 で割る
           (上位)     ⇐ 2 で割る順序        (下位)
```

このように 10 進数の数を 2 進数の数に変換するためには，10 進数の数を 2 で割っていってその余りを下位から並べれば完成です．

逆に，2 進数から 10 進数に変換するには，2 進数を 1010（10 進数の 10 に相当）で割っていけばよいのですが，もっと簡単には

　　　最下位ビット　　　1 の位　$(2^0=1)$
　　　次のビット　　　　2 の位　$(2^1=2)$
　　　次のビット　　　　4 の位　$(2^2=4)$
　　　次のビット　　　　8 の位　$(2^3=8)$
　　　…………

というようにして求める方がよいでしょう．

以上は任意の進数の整数についての説明でしたが，それでは**小数**（小数点以下の数）はどうでしょうか．小数も整数と同じです．図 2.3 に示すように，それぞれの桁の値は 0 から $N-1$ の間です．小数点以下の各桁は $1/N$，$1/N^2$，$1/N^3$，…というようになります．

表記： $0.a_{-1}a_{-2}a_{-3}\cdots a_{-m+2}a_{-m+1}a_m$ $0 \leq a_i \leq N-1$

値： $Z = a_{-1}N^{-1} + a_{-2}N^{-2} + a_{-3}N^{-3} + \cdots + a_{-m+2}N^{-m+2} + a_{-m+1}N^{-m+1} + a_{-m}N^{-m}$

例： **10 進数**　　0.7246 の値は

$$7 \times \frac{1}{10} + 2 \times \frac{1}{10^2} + 4 \times \frac{1}{10^3} + 6 \times \frac{1}{10^4}$$

2 進数　　0.1001 の値は

$$1 \times \frac{1}{2} + 0 \times \frac{1}{2^2} + 0 \times \frac{1}{2^3} + 1 \times \frac{1}{2^4} = 0.5625$$

図 2.3　m 桁の N 進数における小数の表現例

次に，M 進数の小数を N 進数の小数へ変換する方法について考えてみましょう．

整数の場合には N で割っていって，その余りを並べていけばよかったのが，小数の場合には逆に N を掛けていきます．N を掛けた結果，小数点の上の 1 桁目に現れる数字を並べていけば，変換後の数字列が得られます．図 2.4 を見てもらえば理解できるはずです．

求める N 進数での表現は：

$$Z)_N = a_{-1}N^{-1} + a_{-2}N^{-2} + \cdots + a_{-m+1}N^{-m+1} + a_{-m}N^{-m}$$

M 進数の表現 Z から：

　Z（これを Z_1 とする）$\times N$ の整数部：a_{-1}
　小数部：$Z_2 = a_{-2}N^{-1} + \cdots + a_{-m+1}N^{-m+2} + a_{-m}N^{-m+1}$
　$Z_i \times N$ の整数部：a_{-i}
　小数部：$Z_{i+1} = a_{-i-1}N^{-1} + a_{-i-2}N^{-2} + a_{-i-3}N^{-3} + \cdots + a_{-m+1}N^{-m+1+i} + a_{-m}N^{-m+i}$

図 2.4　M 進数の小数を N 進数の小数へ変換

10 進数の小数 0.3692 を 2 進数の小数 0.010111… に変換する例を以下に示します．

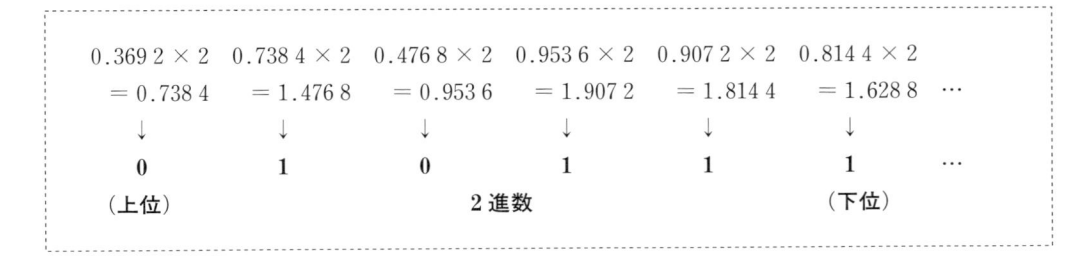

```
0.3692 × 2    0.7384 × 2    0.4768 × 2    0.9536 × 2    0.9072 × 2    0.8144 × 2
= 0.7384      = 1.4768      = 0.9536      = 1.9072      = 1.8144      = 1.6288    …
   ↓             ↓             ↓             ↓             ↓             ↓
   0             1             0             1             1             1        …
（上位）                          2 進数                           （下位）
```

逆に，2進数の小数を10進数に変換するには10を掛けていけばよいのですが，ここで再び注意すべきは10の2進数は1010だということです．もちろん，このように変換する方法もありますが，もっと簡単には

小数点以下：1桁目　　2桁目　　3桁目
$$2^{-1} = \frac{1}{2} \quad 2^{-2} = \frac{1}{2^2} \quad 2^{-3} = \frac{1}{2^3} \quad \cdots$$

のようにして値を求める方が楽です．

さて，数には当然ながら正の数もあれば負の数もあります．このような**数の正負**をコンピュータの中でどのように表現すればよいのでしょうか．紙の上では，符号は例えば +473 とか -496 のように書きます．また多くの場合，正の数については記号の + は省略しても構いません．

コンピュータの中で符号を表すのが**絶対符号形式**です．ただし，コンピュータでは0と1しかありませんので，+ の代わりに0を，- の代わりに1をそれぞれ使います．したがって，コンピュータの中では，+10111 は 010111，-10111 は 110111 ということになります．このように絶対符号形式は我々の日常生活と同じで分かりやすいのですが，コンピュータにおいてはこれから説明する補数表現形式を使うことが多いです．

補数表現とはどういう表現でしょうか．例えば，10進数で**図 2.5** 左のような引き算を考えてみましょう．この演算では，最下位の桁の引き算 2 - 3 はできませんから，この上の桁から1を借りてきて 12 から 3 を引くといった操作をしなければなりません．ということで，小さい子供にとって引き算は苦手になることも少なくありません．それに対して，引き算をするのに「足し算」をうまく活用して実現しようというのが補数表現です．

```
    8 472
  - 3 983         8 472 + (9 999 - 3 983) + (1 - 10 000)
  -------
    4 489
```

図 2.5　10進数の補数表現

与えられた引き算を図右の式のように書きなおしてみましょう．ここには二つの引き算があります．この中で2番目の引き算 (-10 000) は最上位桁の1をとるだけですので簡単です．それでは1番目の引き算 (9 999 - 3 983) はどうでしょうか．この引き算では，「上の桁から借りてきて」という処理が不要ですから，一般の引き算よりは簡単です．

それでは同じようなことを2進数について考えてみましょう．こんども引き算を**図 2.6** の右の式のように書き換えます．先ほどと同じように2番目の引き算 (-1000) は先頭の1を

```
    1001              0110の
  − 0110              1の補数
  ──────          ⌢⌢⌢⌢⌢⌢⌢
    0111    1001 + (1111 − 0110) + (1 − 10000)
                    ⌣⌣⌣⌣⌣⌣⌣⌣⌣⌣⌣⌣⌣⌣⌣⌣⌣
                        0110の
                        2の補数
```

図 2.6　2 進数の補数表現

とるだけですから，これは引き算とはいわないことにします．それでは 1 番目の引き算 (1111 − 0110) はどうでしょうか．ここで 10 進数との大きな相違が明らかです．1111 − 0110 の計算には引き算は全く不要です．単に引く数 (0110) のそれぞれのビットの値を逆転させればよいだけです．すなわち 0 を 1 へ，1 を 0 へ変えるだけでよいのです．論理回路のところで説明するように，この処理は NOT 回路という回路で簡単に実現できます．

1111 − 0110 を 0110 の **1 の補数**といい，(1111 − 0110) + 1 を 0110 の **2 の補数**といいます．補数を使うことによって，加算回路のみで加算も引き算も実現できるようになるので，ハードウェアを簡単にすることができるという大きなメリットが生まれます．1 の補数を使うか 2 の補数を使うかは，ハードウェアの実現によります．

絶対符号形式と補数表現を使った場合の数の表現の例を**図 2.7** に示しておきます．なお，分かりやすいように図ではコンマで符号と数値を分けてありますが，実際のコンピュータの中ではこのような区別をする仕組みはありません．正の数についてはいずれの方法でも同じですが，負の数については図のように違いがあります．

```
     1011の正と負の表現
               正      負
    絶対符号  0,1011  1,1011
    1の補数   0,1011  1,0100
    2の補数   0,1011  1,0101
```

図 2.7　補数表現の比較

便宜上，数を小数点として扱う．

$2^{-N} < a < 1$

(例) **0.010110100**

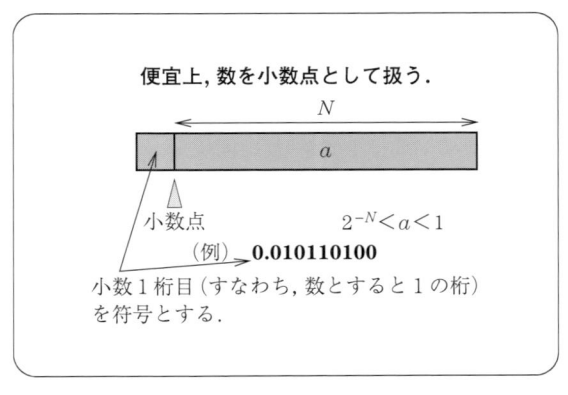

小数 1 桁目（すなわち，数とすると 1 の桁）を符号とする．

図 2.8　小数の補数表現

それでは補数表現を使ったときの，実際の演算について考えてみましょう．補数表現を使ったときの小数は**図 2.8** のようになります．ここでは数は小数としましたが整数でも話は全

く同じです．この場合，小数点の上の1桁目が符号になります．

補数表現を使った場合の小数部分の値は，数が正ならもちろん元の数と全く同じですが，負の数の場合には**図 2.9**のような値に変換されます．

```
                  補数表現の符号以外の部分
       ・a の 1 の補数    1 − 2⁻ᴺ − a           N
       ・a の 2 の補数    1 − a


       (例)        1.0000000              1.0000000
                 − 0.0000001            − .0110110
                 ─────────              ─────────
                   0.1111111              .1001010
                 − .0110110
                 ─────────
                   .1001001
```

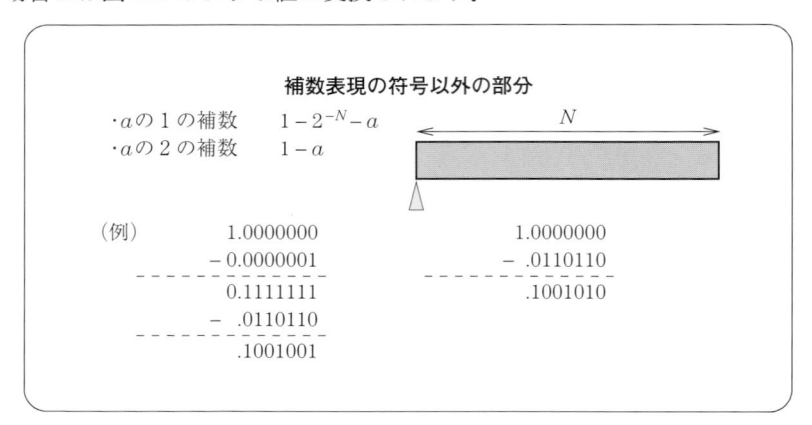

図 2.9 補数表現と数値（負の数の場合）

```
 符号は 1 の桁    負の数では，符号は 1
 符号も含めて全体を数として見ると
 1 の補数
   ・1 + (1 − 2⁻ᴺ − a) = 2 − 2⁻ᴺ − a
   ・ = > 2 − a − e
 2 の補数（1 の補数に e を加えたもの）
   ・1 + (1 − a) = 2 − a    (e = 2⁻ᴺ)
```

図 2.10 補数表現と符号（負の数の場合）

仮に，符号ビットも数の一部として見たとすると，正の数の場合は符号ビットの値は 0 で，小数部分は元の数と同一ですから，符号ビットを含めて考えても当然元の数と同一になります．他方，負の数の場合には**図 2.10**のような値になります．

以上の前提のもとに，負の数の表現に補数が使われた場合の演算方法について考えてみます．以下では 2 の補数を例にとりますが，1 の補数の場合にも同じような議論ができるはずです．2 の補数を採用した場合には，加算の方法は以下のようになります．

・符号ビットも数とみなして計算します．

・そのまま加算します．

・符号ビットの上の桁へのオーバーフローは無視します（mod 2 の計算）．

それでは，なぜこれで正しい計算ができるのでしょうか．加算には，（正の数）＋（正の数），（負の数）＋（負の数），および（正の数）＋（負の数）の三つの場合があります．（正の数）＋（正の数）の場合には，この計算方法で全く問題がないのは自明です．（以降の図で P は正の数を，N は負の数を表すことにします）

それでは（負の数）＋（負の数）の場合はどうなるでしょうか．それぞれの数（2 の補数表

現）は，図 2.10 のように $2-a$ と $2-b$ ですから，そのまま加えると $2+2-(a+b)$ となります．このうち 2 はオーバーフローするので無視すると，残りは $2-(a+b)$ となり，正しい結果になります（図 2.11）．

```
・A(P)＋B(P)    符号ビットも含めて加算
・A(N)＋B(N)    符号ビットも含めて加算
    2 − a + 2 − b
   = 2 + 2 − (a + b)
        └─── 正しい結果：1 < 2 − (a + b) < 2
     └─ オーバーフローするので無視（mod 2 の計算）
```

図 2.11　2 の補数の加算

最後に（正の数）＋（負の数）（または（負の数）＋（正の数））の場合ですが，これについても図 2.12 のように正しい結果が得られます．

```
・A(N)＋B(P) または A(P)＋B(N)
 A(P)                              オーバーフロー（無視）
  a > b    a + (2 − b) mod 2 = 2 + (a − b) = (a − b)
                                              0 < b − a < 1
  a < b    a + (2 − b) mod 2 = 2 − (b − a)
                                1 < 2 − (b − a) < 2
```

図 2.12　2 の補数の負と正の加算

次に，引き算（減算）は以下のような方法で計算します．

- 符号ビットも含めて，減数の 2 の補数をとります．
- これを被減数に加えます．
- オーバーフローは無視します（mod 2 の計算）．

これについても，（正の数）−（正の数），（正の数）−（負の数），（負の数）−（正の数），および（負の数）−（負の数）の四つの場合があります．

まず，（正の数）−（正の数）ですが，正しい結果が得られます（図 2.13）．

（負の数）−（正の数），または（正の数）−（負の数）の場合も同様です（図 2.14）．

最後に，（負の数）−（負の数）の場合は図 2.15 のようになります．

表 2.1 は，1 の補数を使った場合の演算を示しています．ここで，補正と書いてあるのは，「符号ビットの上へ桁上げがあった場合，最下位に 1 を加えるとともに，この桁上げを

12   2. データの表現

```
・A(P) − B(P)
    a>b, (a−b)>0    a+2−b = ②+(a−b)  ←オーバーフロー（無視）
    a<b, (a−b)<0    a+2−b = 2−(b−a)
                                      0<(b−a)<1 => 1<2−(b−a)<2
```

図2.13 2の補数の減算

```
・A(P) − B(N)
    a+{2−(2−b)} = a+b
・A(N) − B(P)                 ←オーバーフロー（無視）
    2−a+(2−b) = 2+②−(a+b)
                              0<a+b<1 => 1<2−(a+b)<2
```

図2.14 減算の正当性

```
・A(N) − B(N)
    a>b, a−b<0    2−a+{2−(2−b)} = 2−(a−b)
    a<b, a−b>0    2−a+{2−(2−b)} = ②+(b−a)
                                       ←オーバーフロー（無視）
```

図2.15 負から負を引く

表2.1 1の補数の演算

A	B	C =A+B	補正	符号ビット の桁上げ
正	正	正	不要	なし
正	負	正	要	あり
		負	不要	なし
負	正	正	要	あり
		負	不要	なし
	負	負	要	あり

```
       10進数    2の補数    1の補数
        +6      0,0110     0,0110
      +)−5      1,1011     1,1011
      -------------------------------
         1    (1)0,0001   (1)0,0000
                             +)    1
      -------------------------------
                              0,0001
```

図2.16 演算の例

無視する」という処理を意味します．
　以上をまとめた演算の例が**図2.16**です．ここでは正の数と負の数を加えています．

2.3 数値の表現

コンピュータで扱う数には，**固定小数点数**（fixed point number）と**浮動小数点数**（floating point number）があります．数値データ（だけではなく，後で説明する命令も）は語（word，ワード）を単位としています．語の大きさは 32 bit が主流です．この語の中での小数点の表し方に二つの方式があります．

固定小数点方式では図 2.17 のように小数点は常に同じ位置にある（固定）とします．具体的には語の先頭（したがって数値は小数）または語の末尾（したがって数値は整数）にあるとするのが普通です．小数点はハードウェアとして特別の表示があるわけではなく，演算の過程において意識するだけです．

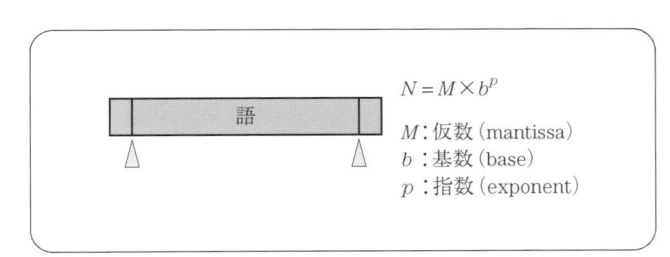

$N = M \times b^p$
M：仮数（mantissa）
b：基数（base）
p：指数（exponent）

図 2.17　小数点の位置

これに対して小数点の位を固定しない**浮動小数点方式**があります．コンピュータで扱う数には非常に大きい数もあれば非常に小さい数もあります．大きい数の例としては宇宙の大きさがあります．宇宙の大きさは約 470 億光年（すなわち，光の速さで 470 億年）とされています．光の速さは約 300 000 000 m/s（3×10^8 m/s）ですから，これを概数で表すと

$$5 \times 10^2 \times 4 \times 10^2 \times 30 \times 2 \times 10^3 \times 3 \times 10^8 \text{ m} = 2 \times 10^{19} \text{ m}$$

です．他方，小さい数の例としては水素分子の大きさがある．水素分子の大きさは約 3 オングストローム（Å，1×10^{-10} m）です．

この二つの値のように，非常に大きさが異なる値を整数で扱うためには，非常に大きな桁数（この場合には 10 進数で約 30 桁，2 進数では約 100 bit）が必要になり，現実的ではなくなります．これに対処するために用意されているのが次式の浮動小数点方式です．

$$N = M \times b^p \quad b：基数 2$$

浮動小数点方式において，基数はコンピュータの場合には 2 を使うので，この値をすべて

の数についてそれぞれ記憶しておく必要はないのは明らかです．したがって，コンピュータ内部では，(仮数・指数) の対として数を扱います．

代表的は浮動小数点方式として IEEE (アメリカのコンピュータ関係の学会) が定めた標準方式があります．この方式では指数については図 2.18 のように表現します．指数について先に説明した補数表現を使わないのは，次の理由によります．補数表現を使うと，0 について正の 0 と負の 0 の二つの値が出てきます．計算をするうえでは，これでもなんら支障はありませんが，唯一の問題は有限のビット数で値を表すのにむだが生じてしまう (二つのゼロがある) ことです．このむだを防ぐために，図のような表現方式を採用しています．

$N = M \times b^p$
・p：指数
　2 進数の整数，正負の表現
　補数表現を使うのではなく，バイアスをかけた表現を使う．
　(例)　3 bit　0 から 7 → −3 から 4 と解釈

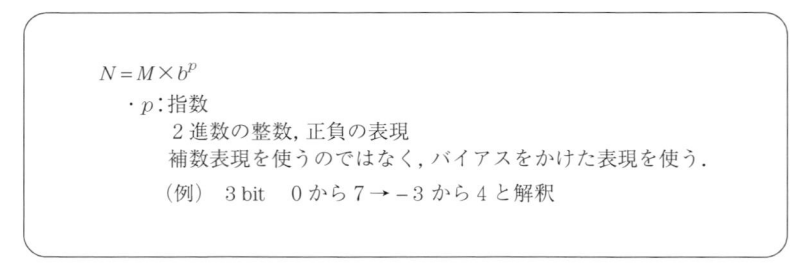

図 2.18　IEEE 浮動小数点表示

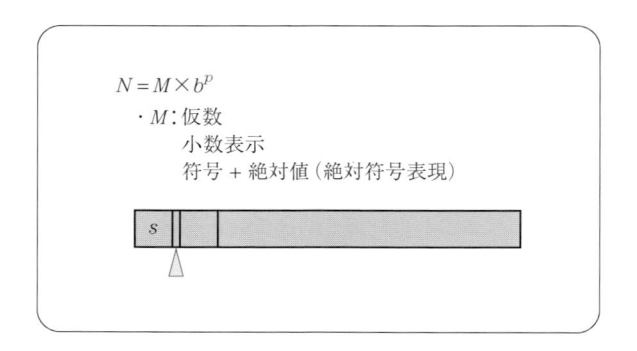

$N = M \times b^p$
・M：仮数
　小数表示
　符号 + 絶対値 (絶対符号表現)

図 2.19　IEEE 方式の仮数の表示

また，仮数は図 2.19 のように絶対符号表現を使っています．

図 2.20，2.21 は実際のコンピュータで使われている数の表現の実例です．このデータの単位を「語 (word)」といいます．図では語は 32 bit です．

IEEE 浮動小数点方式では，数の表現に工夫がこらされています．普通のコンピュータでは 0 で割り算をするとエラーになります．しかし，数学の世界では 0 での割り算はエラーではありません．答えは無限大です．IEEE 方式では無限大の表示ができるようになっています．また，「数字ではない」という表示もできます．例えば，逆三角関数を計算する関数を作ったとします．$\sin^{-1}$ の関数では引き数の値は −1 と 1 の間でなければなりません．もし，この範囲を超える値を引き数としてこの関数に与えると，エラーとなります．しかし，

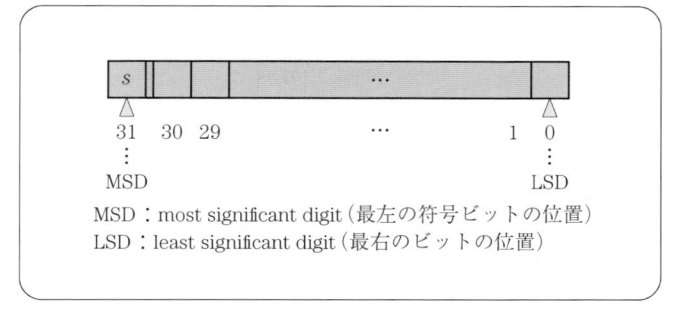

図 2.20　固定小数点表示（整数）の例

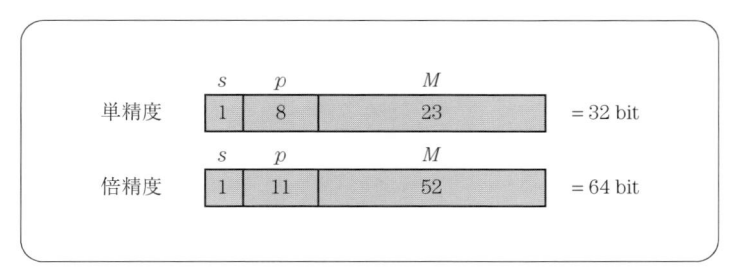

図 2.21　浮動小数点表示（IEEE）の例

IEEE 方式では「数字ではない」という表示が可能となっていますから，この場合にエラーとするのではなく「数字ではない」という結果を返せることになります．具体的な表示方法は以下のとおりです．32 bit の場合には

$p = 255, \; M \neq 0$　　　not a number

$p = 255, \; M = 0$　　　$(-1)^s \times \infty$

コンピュータの主要な役割は演算することです．それでは，コンピュータは正確な演算をするのでしょうか．残念なことに答えは NO です．そのおもな理由は，次のとおりです．

・すべての 10 進数小数が，有限の大きさの 2 進数小数に変換できるわけではありません．
・関数の演算法そのものが誤差を生じさせます．
・コンピュータの中の数値は有限ビット数で表されています．

すべての 10 進数の整数は有限桁の 2 進数に変換できることは自明です．それでは 10 進数の小数はどうでしょうか．例として 10 進数の 0.3 を 2 進数に変換すると

0.3×2	0.6×2	0.2×2	0.4×2	0.8×2	0.6×2	
$= 0.6$	$= 1.2$	$= 0.4$	$= 0.8$	$= 1.6$	$= 1.2$	$\cdots$
↓	↓	↓	↓	↓	↓	
0	**1**	**0**	**0**	**1**	**1**	$\cdots$
（上位）			2 進数		（下位）	

となって，2進数では $0.010011\cdots$ という無限循環小数になります．すなわち，有限桁の10進小数の中には有限桁の2進小数に変換できない数があるのです．これらの数については有限桁の2進数で近似しなければなりませんから，まずこの段階で正確な演算はできないことになります．

次に，sinなど我々が日常よく使う関数の演算について考えてみましょう．これらの関数の計算には級数展開を使います．級数展開は一般には

$$f = \sum_{-\infty < i < +\infty} X(i)$$

のように無限個の項を加え合わさなくてはなりませんが，もちろん現実にはそのようなことは不可能ですから適当な数の項のみの加え合わせで近似しなければなりません．すなわち，正確な演算はできないのです．

更に，次にコンピュータ内部の問題があります．例えば，皆さんの持っている電卓は8桁表示だとします．この電卓で 33333333×4 を計算すればどんなことが起こるかもうお分りですね．コンピュータ内部ではもちろん数値は有限桁で記憶されていますから，この桁数を超える数が表れたときには，なんらかの方法で有限桁に収める工夫が必要です．ただ，どのような方法を使ったとしても，ここでも正確な演算はできないことになります．

それでは有限桁数に入らない数をどのようにして納めるかですが，これには切り捨てと四捨五入があります．この二つを比べると，切り捨てに比べて四捨五入のほうが誤差が平均的にゼロに近いというのは理解できるはずです．コンピュータの場合には2進数ですから，実際には四捨五入の代わりに**ゼロ捨一入**をすることになります．

ゼロ捨一入は誤差が少ない方法ですが，この方法の問題点は処理に時間がかかるということです．ゼロ捨一入の対象のビットが0なら単に切り捨てるだけですが，1の場合には上位ビットに1を加える必要があります．この加算に要する演算時間はコンピュータにとっては無視できない時間です．

（例） $abcdef$ の最下位 $bit(f)$ をゼロ捨一入するには

$f = 0$：f を0にします．
$f = 1$：e の桁に1を加えます．
011110 → 011110
011111 → 100000

（加算のための演算時間がかかります）

ゼロ捨一入の持つ演算時間の問題点を解決する方法として **Jamming** という手法があります．これは末尾の a 個のビットを切り捨てて，その上のビットの値を1にする方法です．

(例)　$a = 2$

　　　$abcdefg \rightarrow abcd100$

　　　（fg を 00 にして e を 1 にします）

　この方法では加算はありませんから，演算時間の問題は解決されます．それでは，なぜこの方法がゼロ捨一入になるのでしょうか．それについては自分で考えてみてください．

　以上に加えて，有限桁数に起因する誤差を小さくするための方策としてガードデジットがあります．利用者から隠れたビット（例えば 4 bit）をデータの延長としてコンピュータ内部に保有して，語長を長くする方法です．

2.4　文字の表現

　コンピュータの中では，文字も 0 と 1 を組み合わせたビット列によって表すことになります．例えば，英語のアルファベットは 26 文字ありますから，これをビット列で表すには，少なくとも 5 bit（2 の 5 乗 = 32）が必要です．しかし，一般にコンピュータでは 2 のべき数を使うのが便利なので，5 bit の代わりに 8(2^3) bit を使います．この単位をバイト〔byte，B〕ということについては，すでに説明したとおりです．実際にどの文字にどのようなビット列を対応させるかについては，世界的な約束（標準）が決まっています．約束がないと，例えば誰かが作った文書をほかの人が読むというようなこともできなくなります．英語については**表 2.2** の ANSI 7 ビットコードなどがあります．

　一方，日本語は，文字の種類は漢字まで入れると，とても 256(2^8) bit では足りません．したがって，2 byte を使ったコードが国内の標準（JIS コード）として決められています．コンピュータの中ではこのようにビット列で表されますが，人間の目に触れるところ，すなわちキーボードやディスプレイの画面では，もちろんこのビット列は実際の文字パターンに変換されて表示されます．

　表 2.2 はアルファベットの文字コードの例です．アルファベットの 1 文字を表すのに 8 bit を使います．表ではこの 8 bit を先頭の 4 bit（1 桁目）と後の 4 bit（2 桁目）に分けて，それぞれの値が 0 から F（1111）について対応するアルファベットの 1 文字を示していま

18   2. データの表現

表 2.2 文字コードの例（ANSI 7 ビットコード）

2桁目＼1桁目	0	1	2	3	4	5	6	7
0	NUL	DLE	SP	0	@	P	`	p
1	SOH	DC1	!	1	A	Q	a	q
2	STX	DC2	"	2	B	R	b	r
3	ETX	DC3	#	3	C	S	c	s
4	EOT	DC4	$	4	D	T	d	t
5	ENQ	NAK	%	5	E	U	e	u
6	ACK	SYN	&	6	F	V	f	v
7	BEL	ETB	'	7	G	W	g	w
8	BS	CAN	(	8	H	X	h	x
9	HT	EM	)	9	I	Y	i	y
A	LF	SUB	*	:	J	Z	j	z
B	VT	ESC	+	;	K	[	k	}
C	FF	FS	,	<	L	\	l	|
D	CR	GS	-	=	M	]	m	}
E	SO	RS	.	>	N	^	n	~
F	SI	US	/	?	O	_	o	DEL

す．アルファベット，数字，記号以外のシンボル（NUL から SP までと，DEL）は**非印刷可能文字**と呼ばれ，いろいろな制御の情報に対応していますが，詳細は省略します．実際のコードの規約を決めるにあたっては，以下のような問題を解決しなければなりません．

・字種の多い言語の扱い　　コーディング，字種の数

・通信（インターネット）での扱い　　内部コードと外部コード（情報交換用符号）

2.5　画像の表現

　画像も**図 2.22** のようにビット列で記憶されています．新聞の写真を目をこらして見ると，細かな点の集まりから構成されていることが分かります．点をつないで線や面が構成されています．例えば，色が濃いところには点が多く，薄いところには点が少なくなっています．
　パソコンのディスプレイなども例えば横 1 024×縦 768 個の点（ディスプレイの場合，画

素（**ピクセル**）という）から構成されています．白黒の画面であれば，それぞれの点は白か黒かに対応する0または1を記憶すればよいので原理的には各点当り1 bitあればよく，全体では786 432 bitあれば十分です．もし，画面が色彩画面であれば，各画素は色情報も記憶していなければなりません．例えば，各ピクセル当り8 bitを用意すれば，256色まで記憶できることになります．色の自然さなどにあまりこだわらなければ，この程度の色の種類で十分です．もちろん，ピクセル当りのビット数を増やせば，記憶できる色の種類も増えて，より自然な画面を表現できることになりますが，その分だけ記憶するべき情報の量は大きくなります．

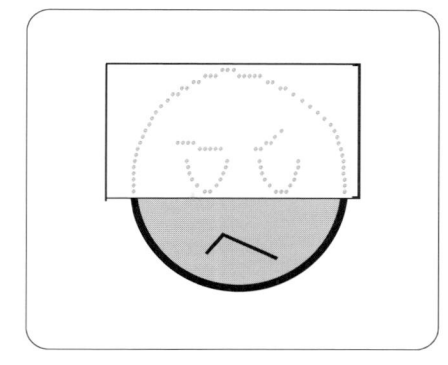

図2.22　画像の表現

2.6　音の表現

　音の情報について説明しましょう．**図2.23**のように音の情報は時間とともに，その大きさが変化する連続的な「波」（すなわちアナログ信号）です．この連続的な信号を0と1のみのデータ（ディジタル信号）に変換するために，サンプリングという処理を行います．

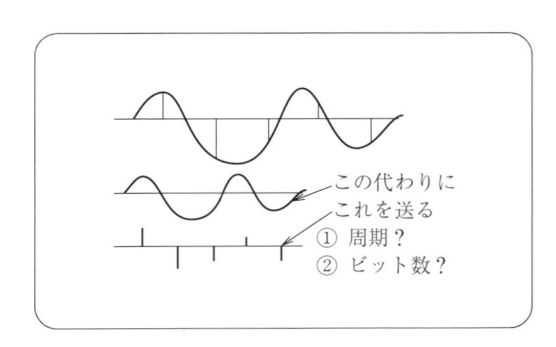

図2.23　音声のディジタル化

　サンプリングというのは，波の大きさ（振幅）を適当な時間間隔で計ることです．すなわち，連続的な信号を不連続な時間の値の集合で近似しようというものです．
　それでは，どのような時間間隔を使えばよいでしょうか．極端な例として，ある一点の値

のみでは元の信号の波形を復元できないことは自明です．2点でも近似できるのは直線のみです．3点では二次曲線のみです．逆にどんどんサンプリングの時間間隔をせばめていって無限小の時間間隔とすれば，これは元の波形と同じことになってしまいます．

　元の波形を復元するのにどれだけの間隔でサンプリングすれば十分かということについては，**Shannon の標本化定理**という有名な理論があり，対象としている信号に含まれる最大周波数の2倍の周波数でサンプリングすればよいとされています．

　人間の音声の場合，普通は 4 kHz までの周波数を含んでいますので，サンプリングの周波数は $4 \times 2 = 8$ kHz となります．次に，それぞれのサンプリング点で計った振幅の大きさを数字に変換することになりますが，きめ細かく表せば多くのビット数が必要になるし，あまり少ないビット数で表すと，元の信号の情報は全く失われてしまうことになります．

　いろいろな実験の結果，音声の場合には 8 bit（すなわち，256 の値）があればよいとされています．これで誰が何を話しているかを十分に判断できます．したがって，音声をコンピュータの中で扱うには，全部で $8 \times 8 = 64$ Kbit/s のデータ量が必要になります．音声ではなく音楽などをディジタル化するには，より高いサンプリング周波数が必要になります．

本章のまとめ

❶ 2進数　　整数と小数の表現
❷ 補数表現　　1の補数と2の補数
❸ 演算　　補数を使った演算
❹ 近似　　コンピュータでは近似演算
❺ 文字，画像，音声　　ディジタル化のための技術

● 理解度の確認 ●

問 2.1 実際のコンピュータ（例えば，Intel のマイクロプロセッサ）がどのような数の表現法を使っているかを調べなさい．整数と実数，1語のビット数，負の数の表現法など

問 2.2 日本語の漢字コードについて調べなさい．

問 2.3 携帯電話が使っている音声のディジタル化の方法について調べなさい．

3 論理回路の仕組み

　本章では，コンピュータのハードウェア設計の基本となる論理設計について学びます．論理回路には組合せ回路と順序回路があります．

3.1 論理回路の基本構成

コンピュータは，電気回路で構成されますが，その電気回路を流れる電気信号は二つの電圧（例えば0Vと3.3V）のいずれかです．この二つの電気信号を0と1にそれぞれ対応付けます．電気回路は論理回路とも呼ばれますが，基本的には次の3種類があります．

AND 回路は，N 本の入力線と1本の出力線を持ち，すべての入力線の値が1の場合だけ出力線の値は1になり，それ以外の場合には出力線の値は0になります．**OR 回路**も同じく N 本の入力線と1本の出力線を持っていますが，すべての入力線の値が0の場合だけ出力線の値は1になり，それ以外の場合は1になります．**NOT 回路**は，1入力1出力で，入力線の値と逆の値が出力線の値となります．

図 3.1 左には，2入力1出力の AND および OR 回路ならびに NOT 回路の図記号を示しました．論理回路は図記号で書くのが普通です．図右の表はそれぞれの**真理値表**と呼ばれる表で，これについてはこのあとで説明します．これらの論理回路を組み合わせてコンピュータは実現されています．なお，NOT 回路については，この図にある丸印のみを必要な場所に書くことで記述を省略することもあります．そのような論理回路の図記号の例が**図 3.2** で

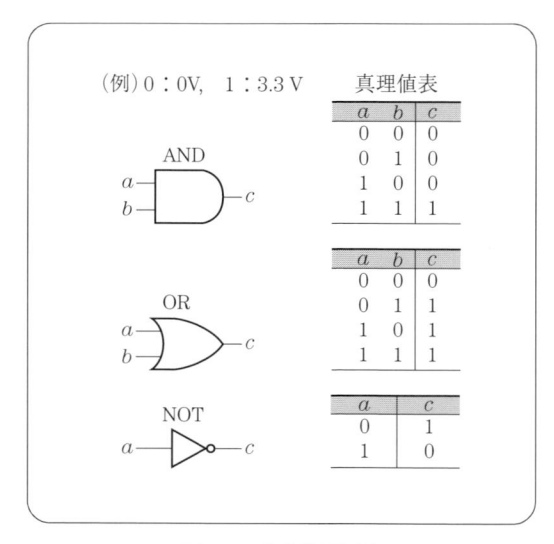

図 3.1 基本論理回路

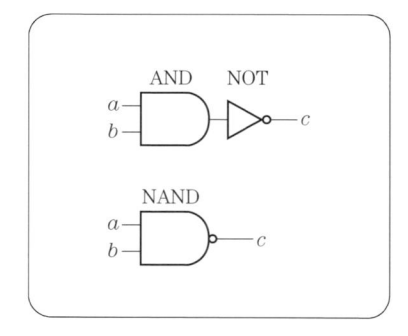

図 3.2 NAND 回路

す．NOT 回路を，単に丸印のみに省略して描きました．なお，この回路のことを **NAND 回路**といいます．

コンピュータの設計に際しては，論理回路の代わりにその動作を表す**論理式**を使うのが普通です．論理回路に対応する論理式は**図 3.3**(a)右のとおりです．AND 回路の・は省略して，$c = ab$ というように書く場合もあります．論理式はこのように・(AND)，+(OR)，¬(NOT)と変数の組合せで構成されています．なお，NOT については ¬ の代わりに ¯（オーバーバー）で表すこともあります．

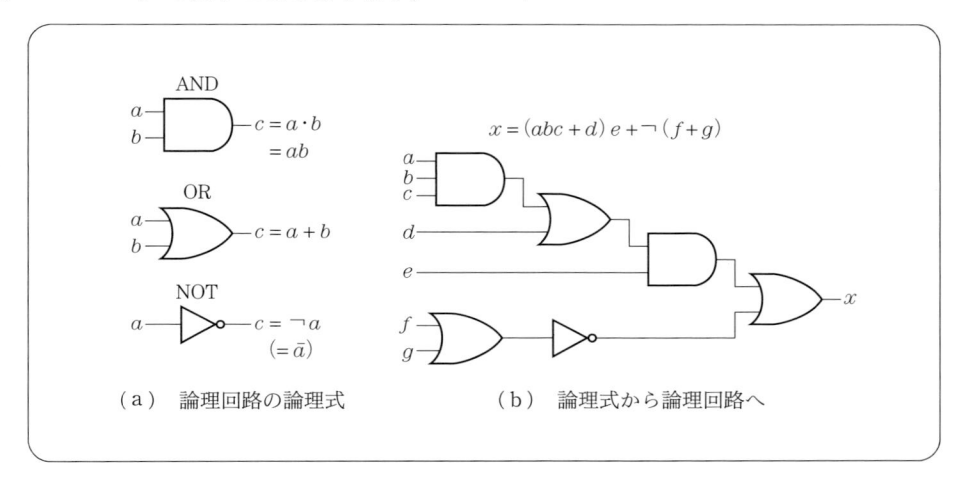

AND $\quad c = a \cdot b = ab$

OR $\quad c = a + b$

NOT $\quad c = \neg a \; (= \bar{a})$

$x = (abc + d)e + \neg(f + g)$

（a）論理回路の論理式　　（b）論理式から論理回路へ

図 3.3

論理式の例を以下に示します（この論理式に特段の意味はありません）．なお，ここでは変数は 1 文字です．

$$x = (abc + d)e + \neg(f + g)$$

図(b)に，この論理式を論理回路で示します．論理式と論理回路の変換は自明です．

論理回路の組合せによって，論理関数を実現します．論理関数を設計することがコンピュータの設計になります．すなわち，我々がやるべきことは

① コンピュータに必要な論理関数を設計

② 設計された論理関数を論理式（論理回路の組合せ）に変換

という 2 ステップの作業が必要になります．

それでは，まず②の任意の論理関数を論理式に変換するにはどうすればよいかというところから話を進めましょう．論理関数は一般の関数と同じように，基本的には N 入力 1 出力の関数です．関数は，基本的には入力値に対する出力値を，すべての入力値に対して指定することで定義されます．しかし，一般の解析的な関数（例えば sin）ではすべての入力値と出力値の対を指定することは不可能です（入力値はマイナス無限大からプラス無限大までのすべての実数ですから）．しかし，論理関数の場合には，幸いなことに入力がとる値の組

合せは有限です．例えば，入力が二つしかなければ，この2本の入力線がとる値の組合せは2の2乗，すなわち00，01，10および11のみです．一般に，N本の入力線があるとしても，入力の組合せは2のN乗にしかすぎません（もちろん，Nが大きくなれば2のN乗の値も大きくなりますが，いずれにしても有限の値です）．したがって，論理関数の定義は，すべての入力の組合せに対する出力の値を表で示すことによって実現できます，この表のことを**真理値表**（truth table）といいます．

x	y	z	f	$f=$
0	0	0	1	$\neg x \neg y \neg z +$
0	0	1	0	
0	1	0	1	$\neg x y \neg z +$
0	1	1	0	
1	0	0	0	
1	0	1	0	
1	1	0	1	$x y \neg z +$
1	1	1	1	$x y z$

図 3.4 3入力1出力の関数の真理値表の一例

図 3.4 は3入力1出力の関数の真理値表の一例です（この表が実現する論理関数には特段の意味はありません）．

真理値表を論理式に変換するには，関数の真理値表で
- 関数値が1になる行について，値が1である変数名をx，0である変数名を$\neg x$と書いてそれらをANDにします．
- 上記の項をすべての値が1である行について求めてそれらをORにします．

この変換でうまくいくということも自明です．論理式の値が1になるのは，真理値表で出力の値が1になる行のみですから，そのときの入力の値の組合せが1になるような論理式を作成すればよいことになります．

3.2 組合せ回路

それでは論理関数（真理値表）から論理式（論理回路）を組み立てる例を示します．**図 3.5** は2進数1bitの加算回路です．二つの入力があり，それらを加えた結果が出力になります．

ただし，これでは加算回路は実現できません．実際の加算回路では，下の桁からの桁上げとその桁の二つの入力を加えて，その桁の結果と桁上げを求めるようになっています．そのような加算回路を**全加算器**（full adder）といいます．これに対して図 3.5の加算器を**半加算器**（half adder）といいます．

3.2 組合せ回路

```
0 + 0 = 0
0 + 1 = 1
1 + 0 = 1
1 + 1 = 0  桁上げ 1
```

a	b	s	c
0	0	0	0
0	1	1	0
1	0	1	0
1	1	0	1

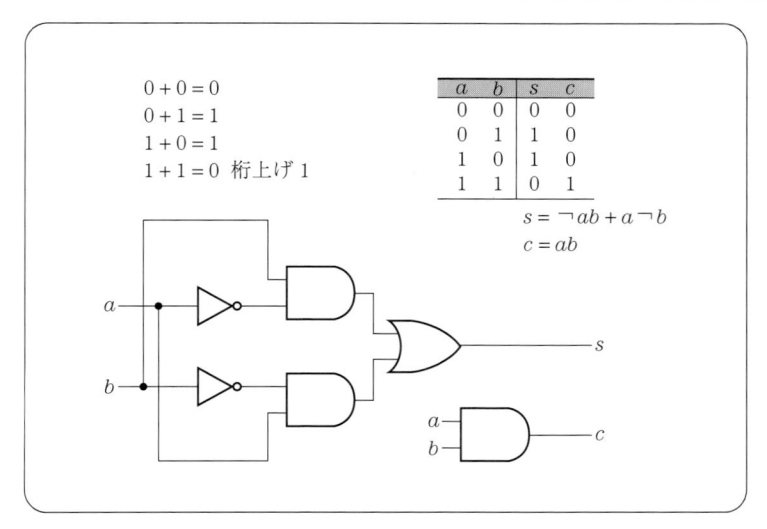

$s = \neg a b + a \neg b$
$c = ab$

図 3.5 半加算器（2 進数の加算の例）

全加算器の真理値表は**表 3.1** のようになります．

この真理値表に対応する論理式と論理回路を**図 3.6** に示します．

表 3.1 全加算器の真理値表

c	a	b	s	c
0	0	0	0	0
0	0	1	1	0
0	1	0	1	0
0	1	1	0	1
1	0	0	1	0
1	0	1	0	1
1	1	0	0	1
1	1	1	1	1

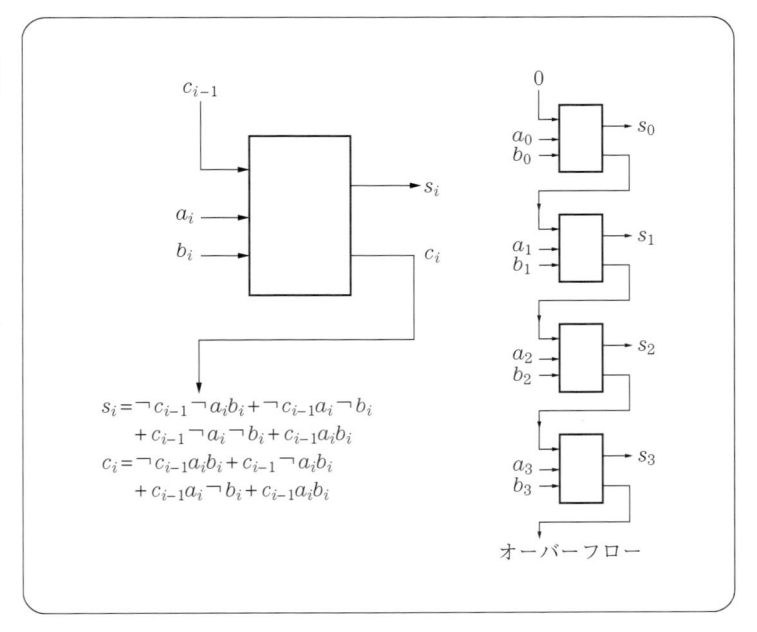

$s_i = \neg c_{i-1} \neg a_i b_i + \neg c_{i-1} a_i \neg b_i$
$\quad + c_{i-1} \neg a_i \neg b_i + c_{i-1} a_i b_i$
$c_i = \neg c_{i-1} a_i b_i + c_{i-1} \neg a_i b_i$
$\quad + c_{i-1} a_i \neg b_i + c_{i-1} a_i b_i$

図 3.6 全加算器

次に，加減算器を設計してみましょう．2 の補数を使う場合，$c = a + b$ の演算は，加算ならそのまま加え，減算なら b の 2 の補数をとってから加えるので，加減算器の 1 bit 当りの演算回路は**図 3.7** のようになります．

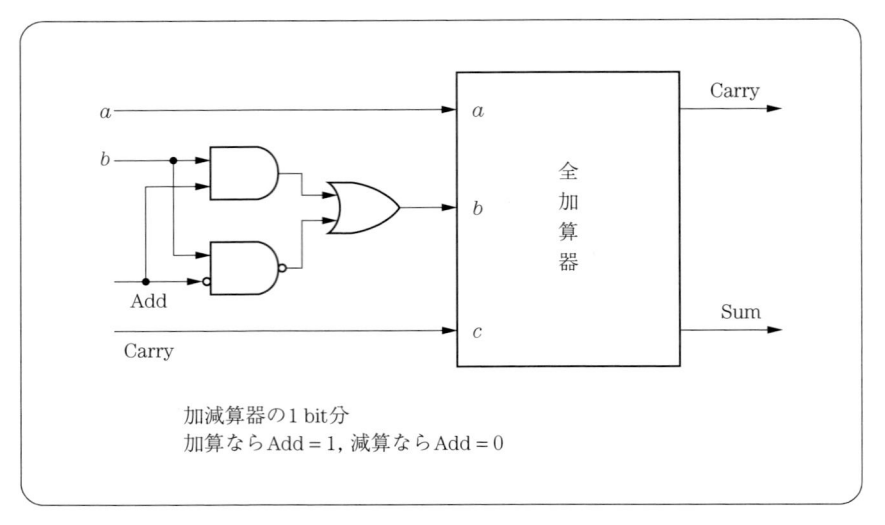

図3.7　1 bit 当りの演算回路

1 bit の加減算器を 32 個接続すれば，32 bit の加減算器ができあがります（**図3.8**）．最下位ビットの桁上げ c には，減算時には b の 2 の補数をとるための 1 を加えます．

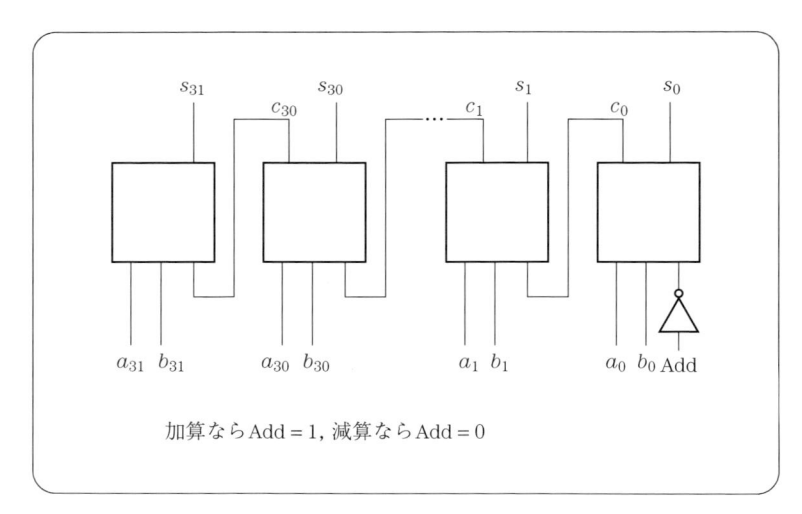

図3.8　32 bit の加減算器

加算器に加えてコンピュータの中で多用される論理回路に，マルチプレクサ（multiplexer）とディマルチプレクサ（demultiplexer）があります．**マルチプレクサ**は複数の信号の中から 1 本を選んでその値を出力するもので，図3.9(a) は 4 入力のマルチプレクサです．

4 入力から 1 本を選択しますから，この選択のためには 2 bit の選択信号が必要です．選択信号の値が 00 の場合には入力 IN_0 の値が，01 の場合には IN_1 の値が，10 の場合には IN_2 の値が，そして 11 の場合には IN_3 の値が出力（OUT）されます．

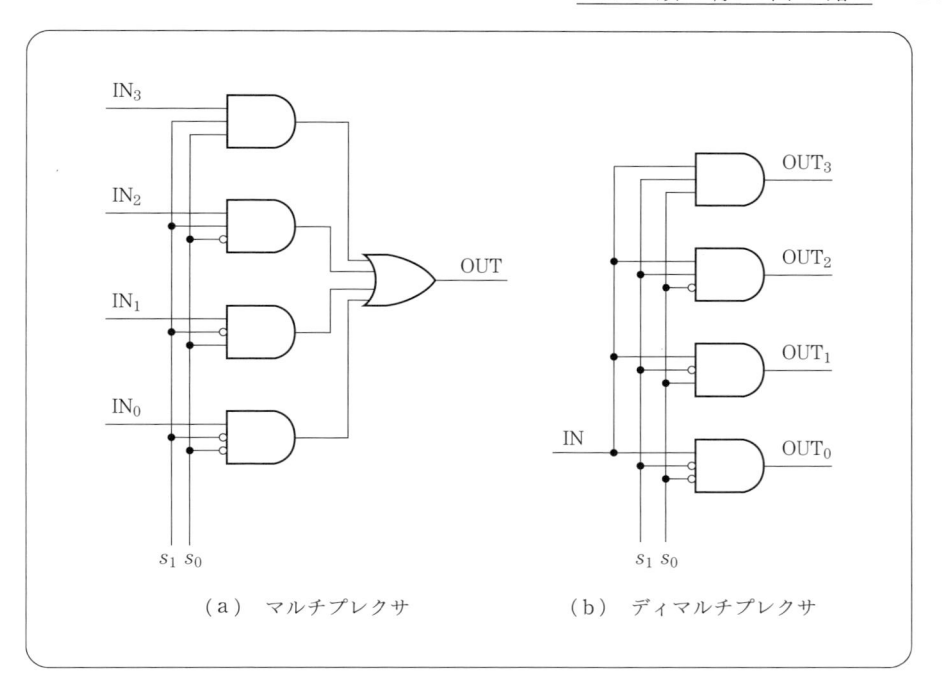

図3.9　4入力のマルチプレクサとディマルチプレクサ

　他方，**ディマルチプレクサ**は，反対に，1本の入力信号を複数の出力のどれかに出力します．図(b)は4出力の例です．4本の出力線のいずれかを選択するためには，再び2本の選択信号が必要になります．選択信号が00の場合には入力信号INはOUT$_0$へ，01ならOUT$_1$へ，10ならOUT$_2$へ，そして11ならOUT$_3$へとそれぞれ出力されます．

3.3　順序回路

　これまでの論理回路は入力の値によって出力の値が決まるので，入力の値を取り去ると出力の値も当然のことながら変化してしまいます．したがって，値を記憶することはできません．これに対してコンピュータの中では値を記憶する機能が必要になります（**図3.10**）．

　値を記憶する素子としてコンピュータの中で使われるおもなものには，メモリ（memory）とフリップフロップ（flip flop）があります．**フリップフロップ**は，非常に高速に動作しますが高価です．一方，メモリは動作速度はフリップフロップに比べれば100倍から

28　　3. 論理回路の仕組み

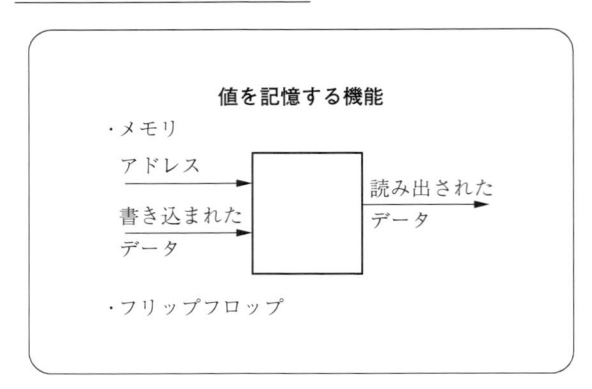

図3.10　記 憶 回 路

・メモリ
・フリップフロップ

1000倍くらいの遅いものですが，その反面安価ですので大量に使用することができます．あとで説明しますが，フリップフロップはおもにレジスタなどの実現に使われています．

メモリは，語（例えば32 bit）を単位としており，この語が多数集まって構成されています．語を指定するために使われるのが**アドレス（番地）**です．アドレスは0から$N-1$までで，最近のコンピュータではNは例えば8×10^9です．メモリには，指定したアドレスの語の内容を読み出したり，指定したアドレスの語にデータを書き込んだりできます．

図3.11は**フリップフロップ**の例です．これは**RSフリップフロップ**と呼ばれます．

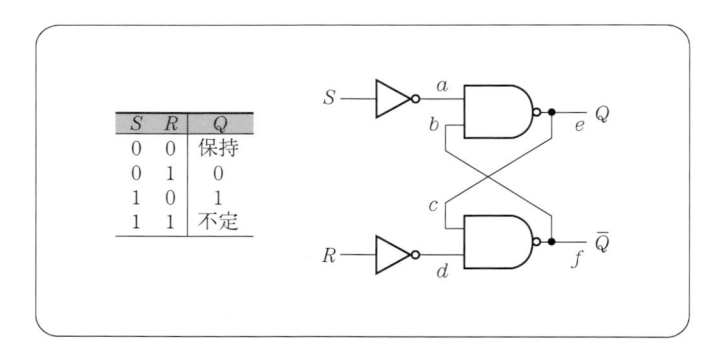

S	R	Q
0	0	保持
0	1	0
1	0	1
1	1	不定

図3.11　RSフリップフロップ

動作の概要は次のとおりです．例えば，$S=R=0$で$e=1$とします．すると，$c=e=1$，$d=1$で$f=0$です．更に$a=1$かつ$b=f=0$ですから$e=1$となり，この回路は$e=1$，$f=0$を保持し続けることになります．同じように$e=1$の場合もその値を保持し続けます．

次に，$S=0$，$R=1$となったとします．すると，$a=1$，$b=f=0$ですから$e=1$となります．また，$d=1$，$c=e=1$ですから$f=0$です．このあと$S=R=0$となっても$e=1$，$f=0$を保持します．

このようにSの値が0ならQを0へ，1なら1へ設定するのでRSフリップフロップという名前がつきました．

3.3 順序回路

コンピュータの内部は，基本的にはこれから説明する順序回路の集合です．順序回路は入力データとそのときの内部の状態に基づき次の状態に遷移するという動作を繰り返します．この順序回路の中核となる状態の実現にはフリップフロップが使われています．また，コンピュータの内部で計算のための数や計算結果，さらにはあとで説明する命令などを保持するために使われるのがレジスタですが，このレジスタはフリップフロップで実現されています．コンピュータの内部でデータや命令を記憶しておくのが**メモリ**です．

次に，フリップフロップなどの記憶を使った回路の設計方法について説明します．記憶を使った回路を**順序回路**と呼びます．順序回路の動作を**状態遷移図**（図3.12）で表します．順序回路は，外部から見ると「入力」と「出力」がある「箱」です．入力に信号を順番に入れていくと状態遷移図に従った動作が内部で進み，それに従った出力が現れます．

- 入力アルファベットの集合 Σ
- 状態の集合 S
- 状態の遷移図
  状態 S_j のときに σ_i が入力されると，状態 S_k に移る
  $(S_j) \xrightarrow{\sigma_i} (S_k)$
- 出力

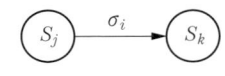

図 3.12　状態遷移図（順序回路の動作）

どのような入力信号に対してどのような出力信号を得るのかを決めるのが順序回路です．

それでは順序回路の「中身」はどうなっているのでしょうか．順序回路の中身は，「状態」と状態の間の「遷移」の集合です．「遷移」には入力アルファベットがふられています．また「状態」には必ず一つの「初期状態」があります．順序回路は最初は「初期状態」にあります．その後，入力に信号（アルファベット）が入力されると，それに対応する「遷移」が選ばれて対応する状態に遷移します．このような動作を繰り返していきます．状態には「出力」が対応していて，その状態になると指定されている出力を得ることになります．

順序回路の簡単な例が自動販売機です．図3.13では I が初期状態です．硬貨は10円，50円，100円として，お菓子は20円とします．硬貨の入力に従って状態を遷移し，適当な金額の硬貨が入力されると，お菓子と必要なお釣りを出力します．

状態遷移図に基づき順序回路を実現するには図3.14(a)のような手順を踏みます．

N 個の状態を表すには $\log_2 N$〔個〕のフリップフロップがあれば十分です．例えば，4個の状態（0，1，2，3）は，二つのフリップフロップ A と B を設けて，これらの二つの値（00，01，10，11）をそれぞれの状態に対応させます．あとはそれぞれの遷移に対応して

30　　3. 論理回路の仕組み

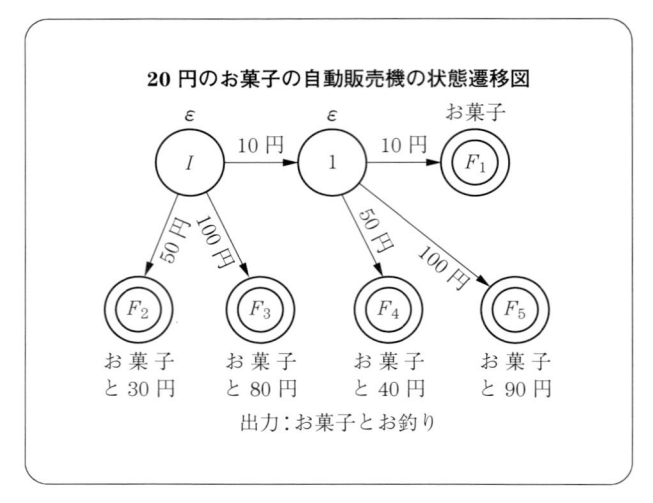

```
┌─────────────────────────────────────────┐
│     20円のお菓子の自動販売機の状態遷移図        │
│                                         │
│        ε              ε        お菓子     │
│       ( I ) ──10円──→ ( 1 ) ──10円──→ (($F_1$))│
│      ╱   ╲           ╱   ╲              │
│   50円  100円      50円   100円           │
│    ↓     ↓         ↓     ↓              │
│  (($F_2$)) (($F_3$))  (($F_4$)) (($F_5$))│
│   お菓子   お菓子    お菓子   お菓子       │
│   と30円   と80円    と40円   と90円       │
│                                         │
│              出力：お菓子とお釣り           │
└─────────────────────────────────────────┘
```

図 3.13　順序回路の簡単な例（自動販売機）

```
┌─────────────────────────────────────────┐
│        状態遷移図からハードウェアへ           │
│  ① 状態をフリップフロップで表します         │
│  ② 遷移を組合せ回路で表します               │
│                                         │
│           ┌─────────┐ フリップ             │
│        →  │         │→□ フロップ          │
│        →  │ 組合せ  │→□                   │
│        →  │  回路   │→□   初期状態は0   出力1│
│        →  │         │     (0)→(1)→(2)→(3) │
│           └─────────┘      ↑  1  1  1   1│
│                              └──────1────┘│
│         (a) 順序回路           (b) 状態遷移図│
└─────────────────────────────────────────┘
```

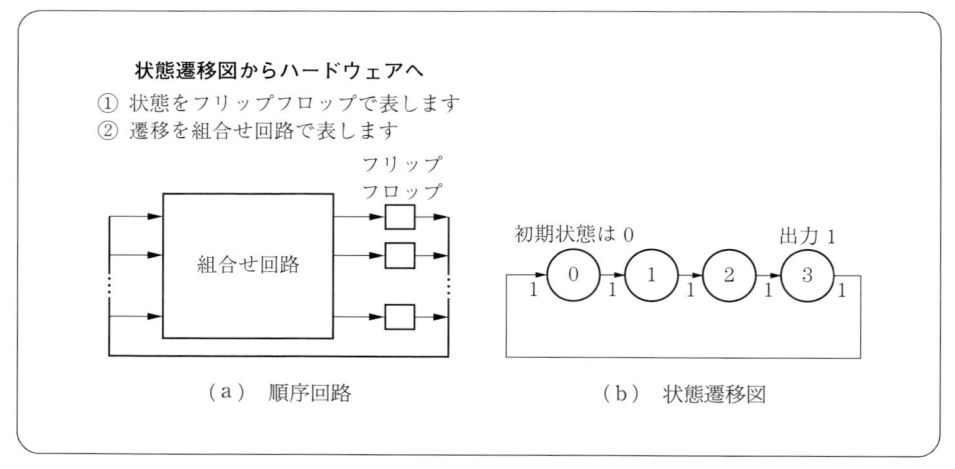

図 3.14　順序回路と状態遷移図

フリップフロップの入力として信号が入力されるように組合せ回路の設計をします．

　それでは，図(b)のような状態遷移図を実現してみましょう．この状態遷移図は，入力 $IN(1)$ をカウントして，4個の1がきたら1を出力するというものです．

　状態は四つですからこれを表すのにRSフリップフロップを2個（A と B）使います．状態0を $QA=0$, $QB=0$ (00) とし，状態1を (01)，状態2を(10)，状態3を(11)とします．この状態を使って状態遷移図を書きなおすと**図 3.15** のようになります．

　次に，それぞれのフリップフロップへの入力を考えてみましょう．状態0のときにはフリップフロップはいずれも $Q=0$ ですから，そのためにはフリップフロップ A も B も，入力 S は0でなければなりません．状態0は状態3の次の状態ですから，入力 S は $QA=1$，

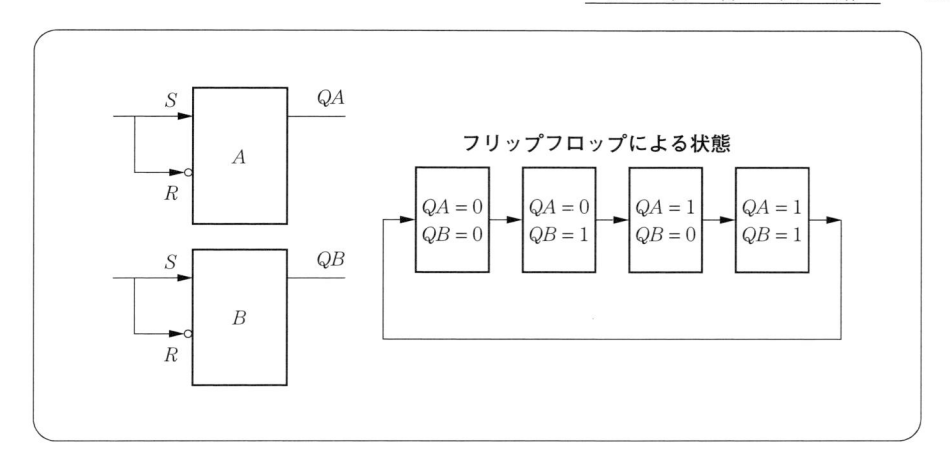

図 3.15 状態遷移図の実現

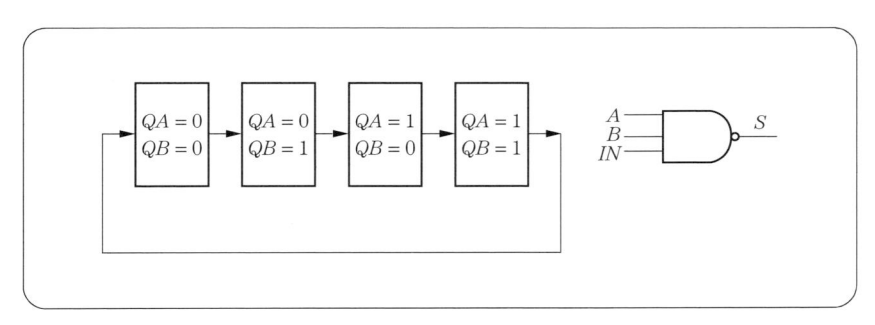

図 3.16 順序回路

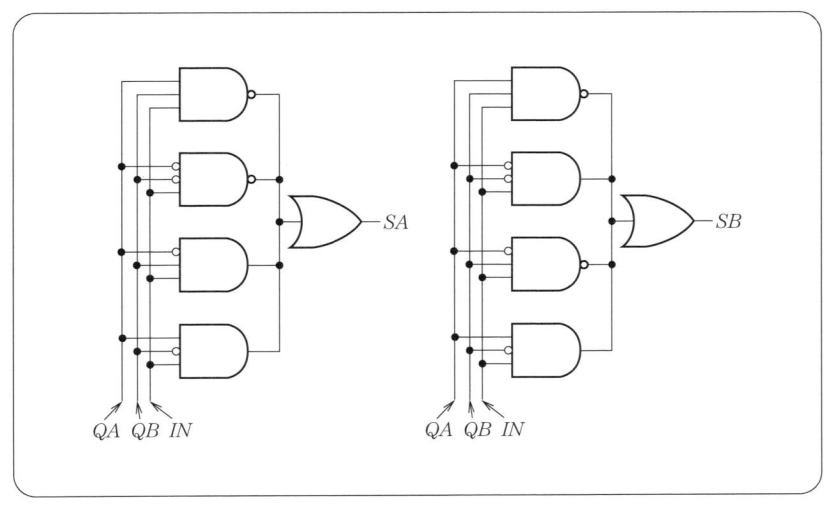

図 3.17 フリップフロップ A と B の入力 S の論理回路

$QB=1$ かつ入力 IN が 1 のときに S が 0 となればよいはずです．したがって，フリップフロップ A および B の入力 S は**図 3.16** のようになります．

フリップフロップ A と B の入力 S の論理回路を**図 3.17** に示します．入力 R は S の値を NOT 回路を通した値となります．なお，この図ではそれぞれ四つの AND 回路の出力を右の OR 回路に入力して OR をとりますが，図では簡略化して書いてあります．

本章のまとめ

❶ **組合せ回路**　　真理値表を作り，これを基に AND，OR および NOT 回路で実現
❷ **順序回路**　　状態の表現にフリップフロップを使用

● 理解度の確認 ●

問 3.1　2 入力（a, b）1 出力（S）の論理回路の例として，**表 3.2** に真理値表を示します．それでは，これ以外に考えられるすべての 2 入力 1 出力の論理回路を書きなさい．全部で何種類あるでしょうか．一般に n 入力 1 出力の論理関数は何種類あるでしょうか．

表 3.2

a	b	S
0	0	1
0	1	0
1	0	0
1	1	1

表 3.3

a	b	S
0	0	0
0	1	0
1	0	1
1	1	1

問 3.2　**表 3.3** に示す真理値表に対応する論理式は，本文に説明した方法を使えば
$$S = a \neg b + ab$$
です．しかし，真理値表をよく見れば，S の値が 1 になるのは a の値が 1 になるときであるということが分かりますから，論理式は
$$S = a$$
でも構いません．2 番目の式は最初の式に比べると簡単になっています．このように論理式を簡単にすることを「簡単化」といいます．この簡単化の手法について調べなさい．

問 3.3　フリップフロップには本文で説明した RS フリップフロップ以外のものもあります．どのようなフリップフロップがあるのかを調べなさい．

4 アーキテクチャの基本

コンピュータのアーキテクチャとは，コンピュータがプログラムを作る人にどう見えるかということであり，具体的には機械語命令の仕様ということになります．本章では機械語命令の基本的な考え方について説明します．より具体的なことについては，個別のコンピュータのマニュアルや説明書を参照してください．

4.1 機械語命令

コンピュータの中核をなすのが CPU (central processing unit, 中央処理装置) です. CPU に加えてメモリ, ディスクなどの記憶装置, ディスプレイ, キーボードなどを組合せてコンピュータができあがります. CPU は, 基本的には演算器 (arithmetic logic unit: ALU) とレジスタ (register) から構成されています (図4.1).

演算器は加算, 減算, 乗算, 除算などの数値演算に加えて, 例えば

シフト：語全体のビット列を1ビット, 右または左に移動
0判定：語の値が0かどうかを判定
正判定：語の値が正かどうかを判定
OR：二つの語の対応するビットのOR
AND：二つの語の対応するビットのAND

などの動作の処理も実現されています.

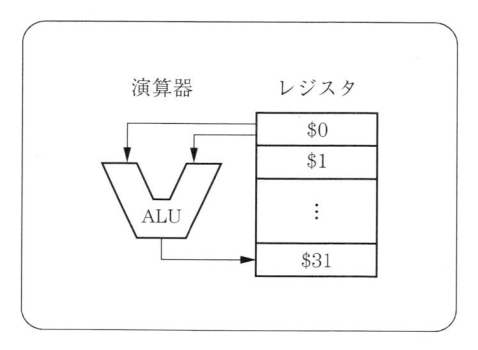

図 4.1 CPU の基本構成

演算器は2入力1出力ですが, この入力および出力のことを**オペランド** (operand) といいます. 演算に使うオペランドはレジスタという高速メモリにしまわれます. レジスタの大きさは1語 (例えば 32 bit) です. そのようなレジスタが複数個 (例えば 32 個) あります.

コンピュータの動作 (例えば加算) を指示するのが命令です. 命令も数と同じようにビットの組合せです. 数が1語 32 bit なので命令も1語 32 bit にするのが普通です. 命令には

演算命令, 判断分岐命令, load/store 命令

などがあります.

命令も数値と同じようにビット列ですが, 人間は 32 bit ものビット列を見ても何が何だか分かりません. そのため人間に分かりやすいような単語 (英語) を使って命令のプログラムを書きます. これを**アセンブラ言語** (assembly language) といいます. アセンブラ言語で書かれたプログラムをビット列の命令 (**機械語命令**ともいいます) のプログラムに, **アセンブラ** (assembler) というプログラムが変換します. このあとの説明ではアセンブラ言語の

4.1 機械語命令

例を使います．

演算命令には，加算命令，減算命令，乗算命令，割り算命令などがあります．演算は，二つのオペランドの値を組み合わせて一つの結果を得ます（binary operation といいます）．

加算のアセンブラ命令は以下のような形式になっています．

（例）　add　　$7, $4, $12
　　　　　　　　　($7＝$4＋$12)

レジスタ$4 とレジスタ$12 の中身を加えて，結果をレジスタ$7 にしまいます．

レジスタは 0 から 31 の番号で指定します．同じく減算のアセンブラ命令は以下のような形式です．

（例）　sub　　$6, $8, $13
　　　　　　　　　($6＝$8－$13)

レジスタ$8 からレジスタ$13 の中身を引いて，結果をレジスタ$6 にしまいます．

下記は，x＝(a－b)－(c＋d) を計算するアセンブラ言語プログラムの例です．

（例）　x, a, b, c, d は，それぞれレジスタ$16, $17, $18, $19, $20 を使うものとします．

　　　　sub　　$8, $17, $18
　　　　add　　$9, $19, $20
　　　　sub　　$16, $8, $9

コンパイラはこのように代入文を命令列に変換してくれます．変数をどのレジスタに割り当てるかもコンパイラが面倒をみてくれます．

それでは，実際の機械語命令（ビット列の命令）がどのような形式をしているか，例を見てみましょう．**図 4.2** は演算命令のための機械語命令の例で，命令は 32 bit の語です．三つのオペランドはそれぞれが 32 個のレジスタのうちの 1 個を指定するので，このためにそれぞれ 5 bit が必要です．また，命令の種別（加算命令，その他）を指定するために 6 bit＋6 bit が必要です．

実際の計算で使うデータの数はレジスタの数（32 個）よりももっと大きいので，これらをしまっておく場所がメモリです（**図 4.3**）．メモリには計算に使うデータに加えて，機械語命令のプログラムもしまわれます．メモリも語単位（32 bit）で，その大きさは例えば 4

4. アーキテクチャの基本

6	5	5	5	5	6
a	b	c	d	00000	e

a および e：命令種別を示すビット列（例：add 000000 -- 100000）
b,c および d：オペランド（d = b@c）

（例） add $3, $9, $1
       000000 01001 00001 00101 00000 100000

図 4.2 演算命令のための機械語命令の例

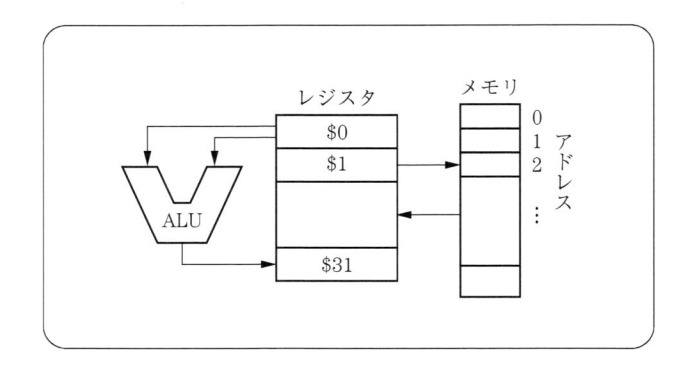

図 4.3 レジスタとメモリ

ギガ（G）語（ギガは 2^{30}）です．メモリの中の特定の語を指定するために使われるのが**アドレス**（address）です．アドレスは**番地**とも呼ばれ，0，1，2，…というような値をとります．

演算はレジスタにある数を対象にして行われますから，メモリとレジスタの間で必要に応じてデータを動かす命令が設けられています．それが**ロード**（load（lw））**命令**と**ストア**（store（sw））**命令**です．メモリからレジスタにデータを移動させるのがロード命令，逆にレジスタからメモリにデータを移動させるのがストア命令です．いずれの命令でもメモリのアドレスとレジスタの番号を指定する必要があります．

それではロード命令やストア命令の機械語命令（ビット列）はどうなるでしょうか．ロード命令の機械語命令は，命令コード，レジスタの指定およびメモリのアドレスの指定のためのビットが必要です．例えば，仮に命令コードに 6 bit を使うとします．また，レジスタは 32 個でしたからレジスタの指定に 5 bit が必要です．最後にメモリアドレスですがメモリの大きさを 4 G 語とすると 32 bit が必要になりますので，総計 43 bit が命令語に必要ということになります．しかし，命令語もデータも 32 bit でしたから，このままではロード命令およびストア命令は命令語に収まらないことになります（図 4.4）．この問題を解決するために使われているのが，**ベースレジスタ**（base register）**方式**です．

4.1 機械語命令

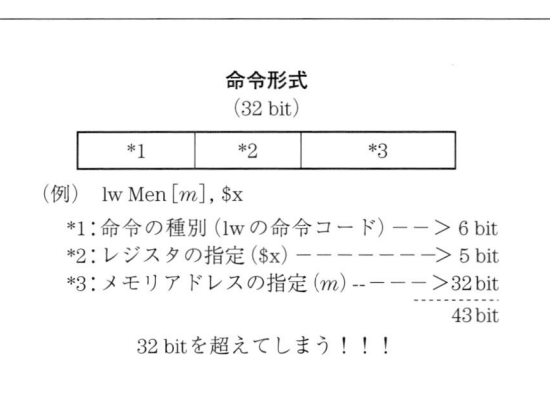

```
          命令形式
          (32 bit)
     ┌─────┬─────┬─────┐
     │ *1  │ *2  │ *3  │
     └─────┴─────┴─────┘
（例） lw Men[m], $x
  *1：命令の種別（lwの命令コード）－－＞ 6 bit
  *2：レジスタの指定（$x）－－－－－－＞ 5 bit
  *3：メモリアドレスの指定（m）－－－＞ 32 bit
                                    ─────
                                    43 bit
       32 bitを超えてしまう！！！
```

図4.4 メモリアクセス命令の機械語

ベースレジスタ方式では，ロード命令およびストア命令ではメモリのアドレスを直接指定はしません．命令ではベースレジスタと呼ぶレジスタの番号と**相対アドレス**（immediate）と呼ぶ値 m を指定します．実際のメモリのアドレスはレジスタ b の内容に m を加えた値を使います．すなわち lw Mem[m], $x の代わりに lw Mem[$m$+$b], $x として，レジスタ b の内容に m を加えた値をアドレスとして使います．この$b を**ベースレジスタ**（base register）と呼びます．

ベースレジスタといっても，特別のレジスタがCPUの中にあるわけではありません．これまでに説明してきた32個のレジスタの中から適当なレジスタを選んでベースレジスタとして使うだけです．そのような使い方をしたときにそのレジスタを特にベースレジスタと呼ぶだけです．また，相対アドレスはあとの例で示すように16 bitとします．以上の説明をまとめて図4.5に示します．

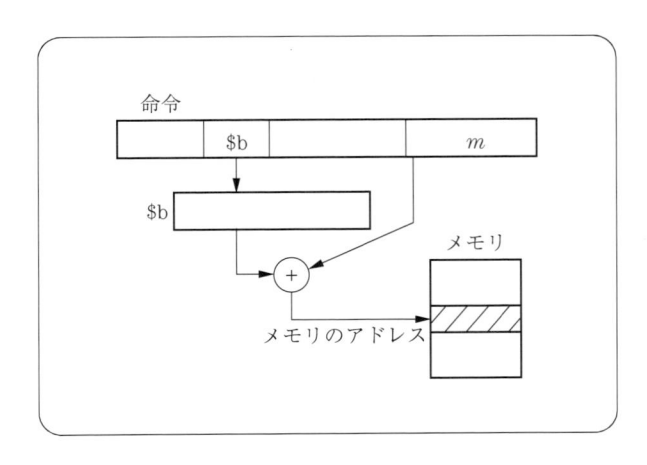

図4.5 ベースレジスタの仕組み

以下はロード（lw）命令とストア（sw）命令の使い方の例です．

- lw add($b), $x
    - Mem[add+$b] --> $x
    - (例) lw 286($6), $3   ：$6 の内容は 681 とします．
      ≫Mem[286+681] --> $3
- sw add($b), $x
    - $x --> Mem[add+$b]
    - (例) sw 52($24), $3   ：$24 の内容は 1 094 とします．
      ≫$3 --> Mem[52+1 094]

ロード命令とストア命令の機械語命令では，命令コード，ロードまたはストアする対象のレジスタの指定，ベースレジスタの指定，および相対アドレスの指定が必要です．図 4.6 では命令コードに 6 bit，レジスタの指定にそれぞれ 5 bit ずつ，そして相対アドレスに残りの 16 bit を割り当てています．相対アドレスは正でも負でもよいことにして，16 bit の先頭ビットを符号に割り当てています．

6	5	5	16
lw/sw	$a	$b	m

lw m($b), $a

mは正でも負でもよい

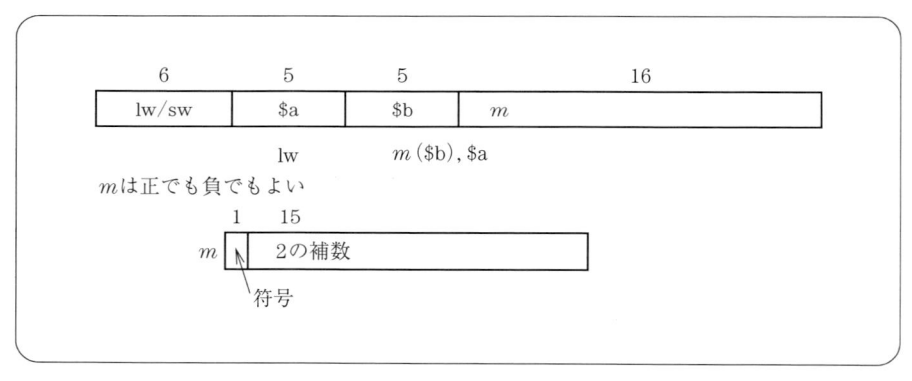

1	15
m	2の補数

↑符号

図 4.6 ロード命令とストア命令の機械語命令

これまでに説明した演算命令とロード命令およびストア命令に加えて，コンピュータで必要なのは**判断分岐命令**です．判断分岐命令は高級言語における if 文の実現に不可欠です（図 4.7）．判断分岐命令は，その名前のとおり，判断と分岐から構成されています．

まず，**判断**ですが，高級言語の if 文では一般に二つの変数の値を比較します．これに対して機械語命令（すなわち CPU の中）で直接扱えるのはレジスタですから，判断も二つのレジスタを指定してその内容の大きさを比較します．比較には次のものがあります．

・等しいか？
・等しくないか？
・1 番目のレジスタの内容は 2 番目のレジスタの内容より大きいか？

4.1 機械語命令   39

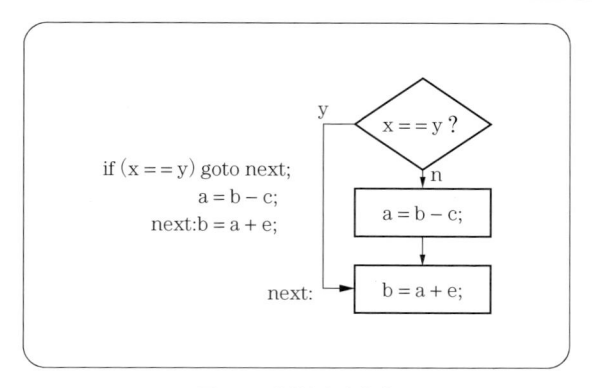

```
         if (x == y) goto next;        x == y ?
                 a = b − c;         y ↙    ↓ n
              next: b = a + e;              a = b − c;
                                            ↓
                              next: →      b = a + e;
```

図 4.7　判断分岐命令

- 1番目のレジスタの内容は0か？

など，いろいろの比較が用意されているのが普通です．例えば

- 等しいか？　　　　beq (branch on equal)
- 等しくないか？　　bne (branch on not equal)

次に，**分岐**です．図 4.7 に示したように，if 文は基本的には，例えば

「if　条件（条件が成立した場合に実行する文の分岐先を指定，さもなければ次の文）」

というような形式です．判断分岐命令も同様です．判断が成立しなければ次の命令を実行します．判断が成立した場合には命令に指定されているアドレスの命令に分岐します．

機械語命令は普通はプログラムに書かれた順序（すなわちメモリにしまわれている順序で，アドレスでいえば I，I+1，I+2，I+3，…という順序）で実行されます．判断分岐命令では上記のように判断が成立した場合には，次のメモリアドレスにしまわれている命令ではなく，命令に指定されているアドレスの命令を実行します．そのあとはその命令の次のアドレスの命令の実行に進みます．

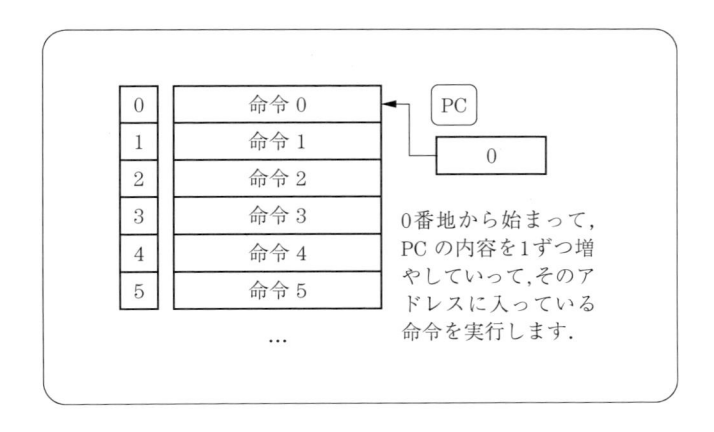

0	命令 0
1	命令 1
2	命令 2
3	命令 3
4	命令 4
5	命令 5
…

PC ← 0

0番地から始まって，PCの内容を1ずつ増やしていって，そのアドレスに入っている命令を実行します．

図 4.8　プログラムカウンタ (PC)

4. アーキテクチャの基本

CPUのハードウェアの章で説明しますが，現在実行中の命令のアドレスを入れておく特別のレジスタがCPUの中にあります．これを**命令カウンタ**とか**プログラムカウンタ**（program counter：PC）とか呼びます．図4.8のようにPCの内容は普通は命令を実行するつどその値を1ずつ増やしていきますが，分岐があれば分岐先のアドレスをPCに入れます．

以下は判断分岐命令の例です．

---
beq, bne
- 指定する必要のある項目
    - 比較する二つのレジスタ　　≫$a, $b
    - 分岐先のアドレス　　≫address
- beq　　$1, $2 next：if($1==$2)　goto next；
- bne　　$1, $2 next：if($1!=$2)　goto next；

ここで判断分岐命令の機械語命令について触れておきます．ロード命令とストア命令のところでも説明しましたが，判断分岐命令でも分岐先のアドレスとして32 bitのメモリアドレスを入れるには語の大きさが不足です．したがって，ここでもベースレジスタ方式の考え方を採用します．ただロード命令などのベースレジスタは命令の中で指定しましたが，判断分岐命令では指定はしません．それではベースレジスタは何を使うのでしょうか．ここでベースレジスタとして使うのはプログラムカウンタです．したがって，分岐先アドレスは判断分岐命令のアドレスに対して$+m$番地，または$-m$番地ということになります．ここでmは命令中に書かれる相対アドレスです．

```
    if  (x==y)  goto  next；
            a=b-c；
    next：  d=a+e；

        beq  $1, $2, then
        sub  $10, $11, $12
next：add  $13, $10, $14
```

この方式は機械語命令としては問題は全くありませんが，人間にとっては分かりにくいのも事実です．したがって，アセンブラ言語では分岐先のアドレスを書くことにします．これを相対アドレスに変換するのはアセンブラの役目です．

左上は，高級言語プログラムをアセンブラ言語プログラムに変換した例です．

ただし，変数のレジスタへの割当ては左下のとおりです．

```
x：$1, y：$2
a：$10, b：$11,
c：$12, d：$13
e：$14
```

なお，広い意味では判断分岐命令ですが，厳密にいうと判断しない命令，すなわち無条件に分岐する命令もあります．これを特に**分岐命令**といいます．分岐命令には，分岐先アドレスを指定するもの（機械語命令では先の例と同じく相対アドレス指定です）とレジスタ番号を指定するものの2種類があります．後者の場合にはレジスタは32 bitですからアドレス全体をしまうことができますので，分岐先はアドレスの直接指定です．

---
① j address　　　指定されたアドレスの命令に無条件で分岐します．
② jr レジスタ番号　指定されたレジスタの内容をアドレスとして，そこに分岐します．

これまで説明した命令に加えて，さらにもう一つ重要な命令である **jal**（jump and link）**命令**について説明します．高級言語では同じプログラムを部品としてあちこちで使うことが少なくありません．例えば，sin関数などがその例です．このようなプログラムは**プロシージャ**（procedure）などと呼ばれています．プロシージャはそれを定義する宣言と，それを使う利用部とに分かれます．

図4.9は **swap** というプロシージャの宣言と利用部です．

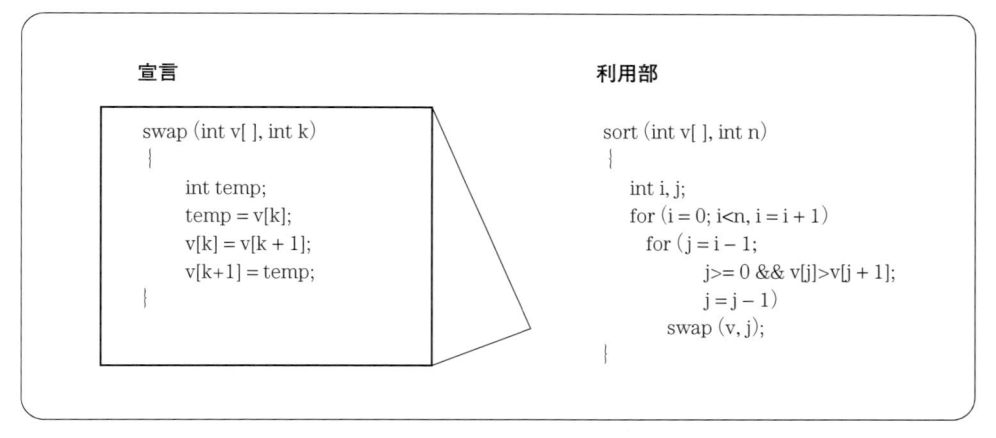

```
宣言                                利用部

swap (int v[ ], int k)              sort (int v[ ], int n)
{                                   {
    int temp;                           int i, j;
    temp = v[k];                        for (i = 0; i<n, i = i + 1)
    v[k] = v[k + 1];                        for (j = i – 1;
    v[k+1] = temp;                              j>= 0 && v[j]>v[j + 1];
}                                               j = j – 1)
                                            swap (v, j);
                                    }
```

図4.9　プロシージャの例

プロシージャのプログラムは一つだけで，それを多くの場所から呼び出して使います（**図4.10**）．

呼び出すにはプロシージャの先頭アドレスを指定した分岐命令（jやjr）を使えば実現できます．問題はプロシージャの処理が終わったときです．呼出した命令の次の命令に戻って実行を継続しなければなりませんが，呼び出すのは複数の場所がありましたから，どの呼出しかが分からなければ適当な場所に戻ることができません．この問題を解決するために用意

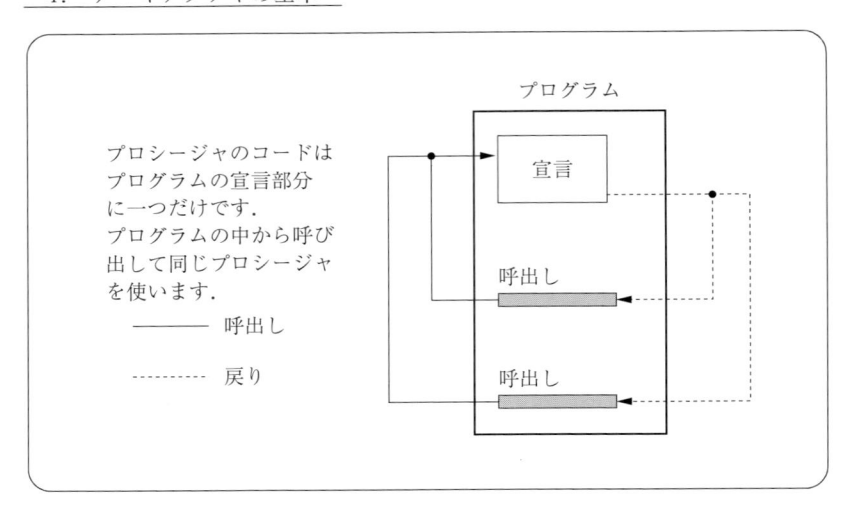

図 4.10 宣言と利用

されているのが jal 命令です．

```
jal  adr
① 実行中の命令の次のアドレスをレジスタ 31 に入れます．
② adr に分岐します．
    (adr はプロシージャの先頭アドレスを指定します)
```

jal 命令は分岐命令に加えて，あとで戻るためのアドレスを記憶しておくという処理をします．戻るためのアドレスとは，この命令の次の命令のアドレス（プログラムカウンタ＋1 の値）です．記憶しておく場所はそのための特別のハードウェアを用意する代わりに 31 個あるレジスタの 1 個を使います．どのレジスタでもよいのですが，例えばレジスタ 31（番号の一番大きなレジスタ）を使うようになっています．

プロシージャから戻るには，戻り先のアドレスはレジスタ 31 に入っていますから，これを指定した jr 命令をプロシージャの最後に書けばよいことになります．

以上をまとめると以下のようになります．

```
呼出し側に書くのは
  ○ jal  adr
        adr は呼び出すプロシージャの入り口アドレス
プロシージャの最後に書くのは
  ○ jr  $31
```

4.2 割込み

4.1節の代表的な命令に加えて，CPUで重要な役割を果たす機能として**割込み**（interrupt）があります（**図4.11**）．割込みは命令ではありません．割込みというのは現在実行中のプログラムとは無関係に，例えばCPUの外部から生じた信号を処理するためのものです．割込みには以下に示すような種類がありますが，これらの割込みが起こるとそれを処理するプログラムの実行が必要になります．

```
・外部からの割込み要求信号
・これを処理するために，いま実行している
  プログラムとは別のプログラム（割込み処
  理プログラム）を実行します．
```

実行中のプログラム　　　割込みを処理する
　　　　　　　　　　　　プログラム

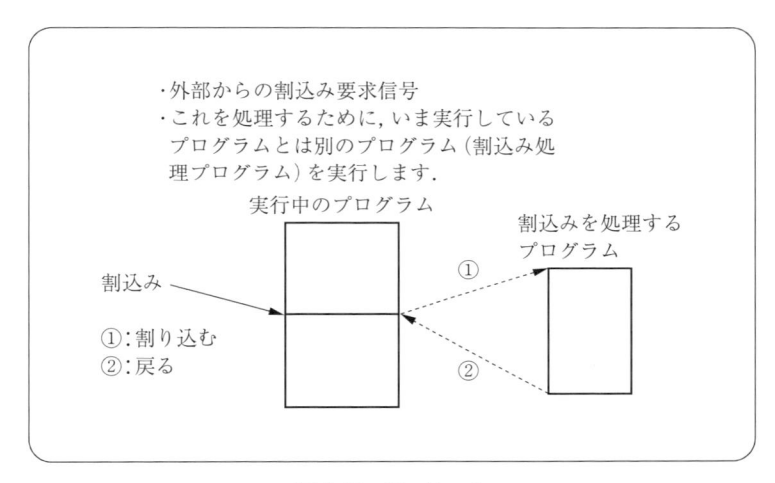

割込み　①：割り込む　②：戻る

図4.11　割込み

- CPU内部から生じるもの（例外処理）
  - 不正（命令として定義されていないビット列）な命令の実行
  - メモリ例外（実装されていないメモリアドレスへのアクセス）
  - 0での割算，など
- CPU外部（周辺機器）から生じるもの
  - 周辺機器（例：ディスク）の動作（動作終了など）に関する信号

プロシージャの呼出しに似ていますが，プロシージャの呼出しはプログラム中に明示的に呼出しの命令が書かれていますが，割込みの場合はどこで割込みが生じるかわかりませんので，そのような呼出し命令をあらかじめプログラム中に書いておくわけにはいきません．な

44　4．アーキテクチャの基本

お，割込みを処理するプログラムは普通の利用者は自分で書くことはないでしょう．このプログラムは8章で説明するようにオペレーティングシステムの一部として用意されています．

それでは割込みの検出はどのように行うのでしょうか．これは**図 4.12** のように CPU のハードウェアが1命令を実行するたびに，割込みがあるかどうかをチェックします．もし割込みがなければ次の命令の実行に進みます．割込みがあれば，割込みを処理するプログラム（割込み処理ルーチンといいます）の実行に分岐します．

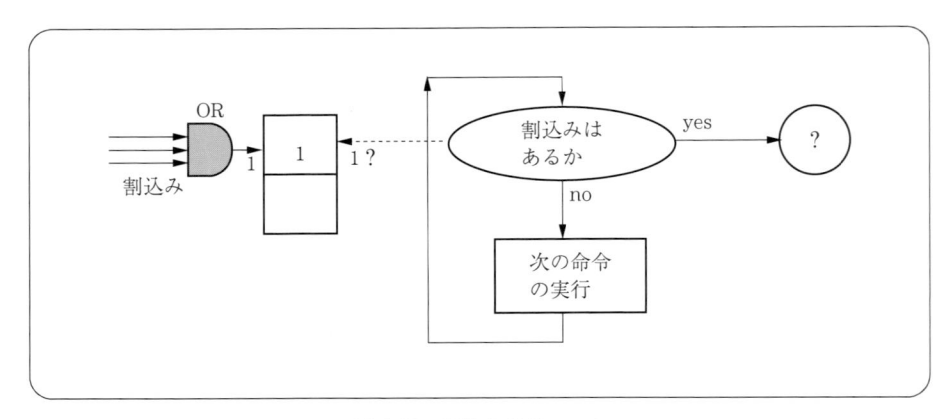

図 4.12 割込みのチェック

割込みが検出されると必要な割込み処理ルーチンを呼び出し（割込み処理ルーチンに分岐）ます．この分岐は基本的には jal 命令と同じ処理をすることになります．すなわち，割込み処理ルーチンの処理が終わったところで元に戻れるように，割込みがあった命令の次の命令のアドレスを記憶します．そして割込み処理ルーチンに分岐します（**図 4.13**）．

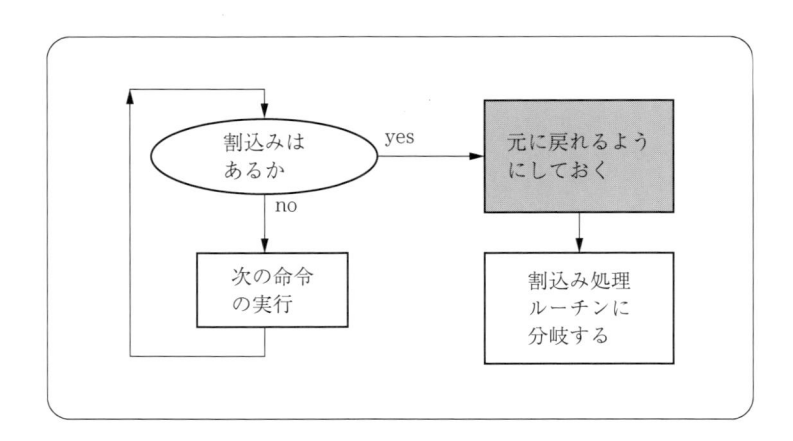

図 4.13 割込み処理

割込み処理が終わったときに戻るべきアドレス（すなわち，割込み時に実行していた命令の次の命令のアドレス）は，jal 命令と同様にどこかに記憶しておく必要があります．jal 命

令ではこの記憶場所に特定のレジスタ（レジスタ31）を使いました．しかし，割込み処理の場合にはこのレジスタを使うわけにはいきません．というのも，このレジスタは別の用途でプログラムで使用されているかもしれないからです（プログラムでは割込みがあるなどということを想定してはいませんから）．このため，割込み処理の場合には戻りアドレスを入れておく場所を別に用意しなければなりません．具体的には戻り先アドレスを入れる特別のレジスタが用意されています（**図4.14**）．

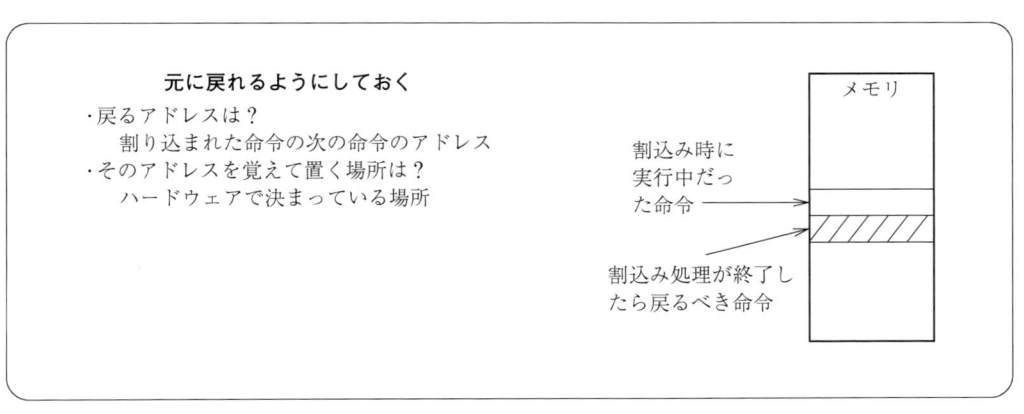

図4.14 割込みアドレスの退避

次に，割込み処理ルーチンの先頭アドレス（分岐先アドレス）の指定方法について説明します．jal命令の場合には分岐先アドレスは命令の中に書きました．割込み処理の場合には，分岐先アドレスの指定方法は**図4.15**のように大別して2通りがあります．一つは固定アドレス方式で，もう一つは割込みベクトル方式です．

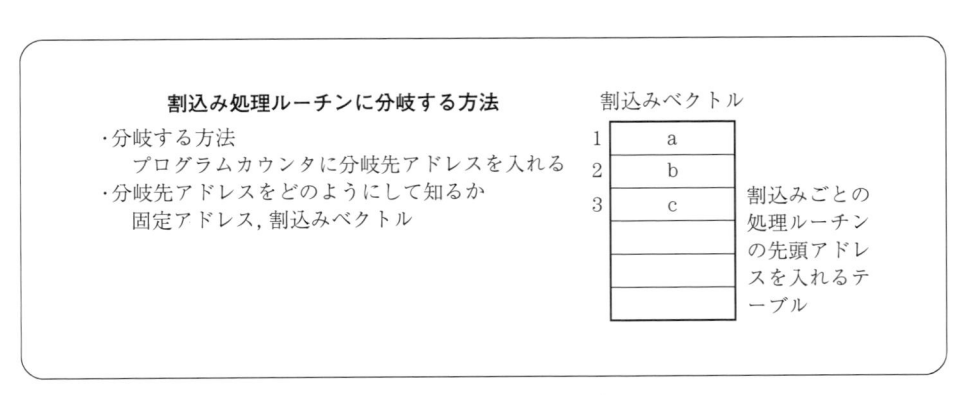

図4.15 分岐先アドレスの指定方法

固定アドレス方式は，ハードウェアで決まっている特定のアドレスに分岐する方式です．具体例を図4.16で示します．

46   4. アーキテクチャの基本

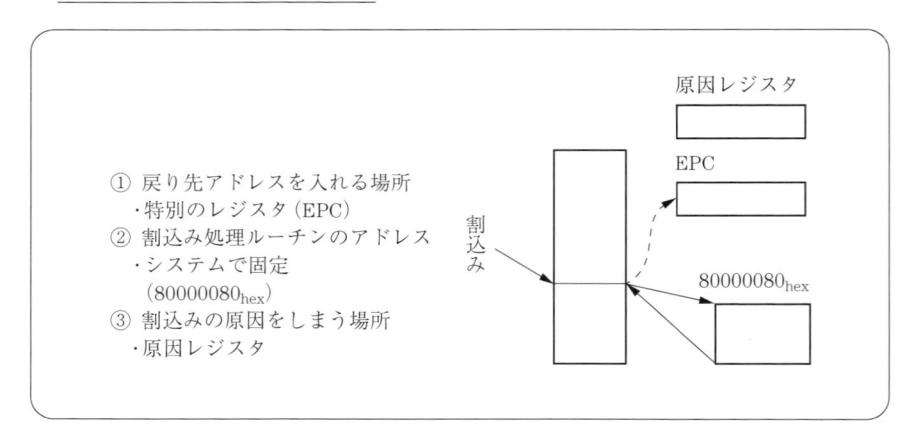

```
① 戻り先アドレスを入れる場所
  ・特別のレジスタ（EPC）
② 割込み処理ルーチンのアドレス
  ・システムで固定
   （80000080_hex）
③ 割込みの原因をしまう場所
  ・原因レジスタ
```

原因レジスタ
EPC
割込み
80000080_hex

図 4.16 固定アドレス方式の例（MIPS 2000）

割込みベクトル方式は，割込みの種別ごとにそれを処理する割込み処理ルーチンの先頭アドレスを入れる表（ベクトル）をメモリ上に用意します．割込みが生じるとハードウェアはこの表を見て該当する割込み処理ルーチンの先頭アドレスを見つけて，そこに分岐します．割込みベクトルに割込み処理ルーチンの先頭アドレスを入れるのはオペレーティングシステムの役目です．コンピュータのスイッチを入れると，コンピュータの初期設定をオペレーティングシステムが行いますが，その一環として前述の処理がなされます．

固定アドレス方式では，どのような割込みがあろうと同じアドレスに分岐してきますから，そのアドレスから始まる割込み処理ルーチンはまず割込みの原因を調べて，その上で適当な処理ルーチンに分岐するということを行わなくてはなりません．このために割込み時にハードウェアが割込みの原因をしまう特別のレジスタが用意されています．

本章のまとめ

❶ **命令の種類**　演算命令，メモリアクセス命令，分岐命令，条件判断命令，プロシージャ呼出し命令

❷ **割込み**　割込みの検出，割込み処理プログラムへの分岐・回復

● 理解度の確認 ●

問 4.1　三角関数の sin を計算するプログラムを機械語命令を使って組みなさい．

問 4.2　実際のコンピュータには，ここで説明した命令以外にどのような命令があるのかを調べなさい．

5 仮想マシンの原理

　本章では，特にインターネットに接続されるコンピュータにおいては常識になっている仮想マシンについて，その基本を説明します．最近のパソコンではJavaというプログラム言語を使うことが多くなっていますが，そのJavaで開かれたプログラムを実行するために使われるのが仮想マシン（virtual machine：VM）というプログラムです．普通，VMはパソコンにインストールされています．

　Cなどの言語で書かれたプログラム（ソースコード）は，コンパイラで機械語命令プログラム（オブジェクトコード）に変換されます．機械語命令は，CPUの種類（例えば，IBMのCellとIntel）によって異なるのが普通である．したがって，ある種類のCPUのためにコンパイルされたコードは，ほかの種類のCPUの上では実行できないことになり，コンパイルしなおさなければならないという問題が生じます．この解決のために考案されたのがVMです．

5.1 なぜ仮想マシン

Cなどの言語で書かれたプログラム（ソースコード）は，コンパイラで機械語命令プログラム（オブジェクトコード）に変換されます．機械語命令は，CPUの種類（例えば，IBMのCellとIntel）によって異なるのが普通です．したがって，ある種類のCPUのためにコンパイルされたコードは，ほかの種類のCPUの上では実行できないことになり，コンパイルしなおさなければならなくなります．

図5.1のように，それぞれのプログラムについて，異なる会社のコンピュータ（すなわち異なる機械語命令）に対応した機械語命令プログラムを用意しなければならないことになります．それでは，これでどのような不都合が生じるのでしょうか．

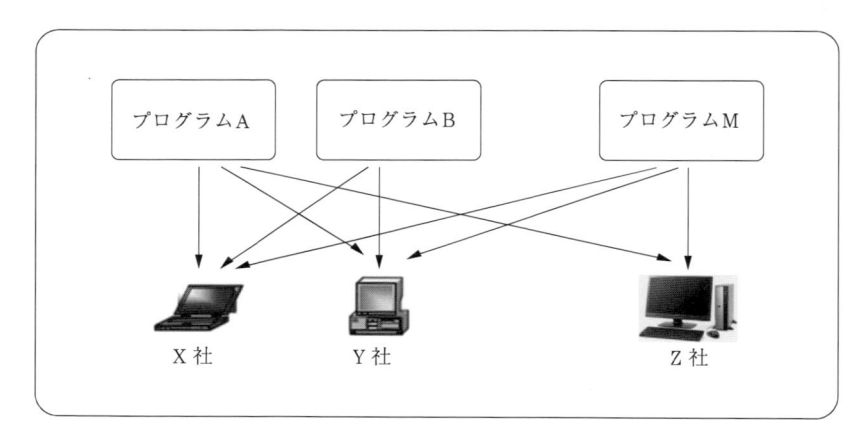

図5.1 異なるコンピュータを使う場合の問題

インターネットの世界を考えてみましょう．インターネットを使って新しいプログラムを利用者に提供するサービスを始めようとしたとします．インターネットにはいろいろなコンピュータが接続されますから，それらのすべてに対応した機械語命令のプログラムを用意しなければすべての利用者を満足させることはできません．

また，利用者の立場に立って考えてみましょう．インターネットで提供されているプログラムを利用しようとした場合，自分が使っているコンピュータの機械語命令の仕様を理解して，それに対応する機械語命令プログラムを選択するという手間が必要になりますが，コン

ピュータについて素人である一般利用者にとっては耐えられない重荷になってしまいます．

このような問題を避けるために考えられたのが仮想マシン（VM）です．VMではいろいろなプログラム言語で書かれたプログラムは，コンパイラによってVM命令のプログラムに変換されます．VM命令は，コンピュータの機械語命令とは独立した，すべてのコンピュータに共通に設計された命令コードです．このVMコードで書かれたプログラムはVMによってそれぞれのコンピュータの上で実行されます．この仕組みを使うことによって，異なるコンピュータの機械語命令ごとに機械語命令プログラムを用意するという煩わしさから解放されます（図5.2）．

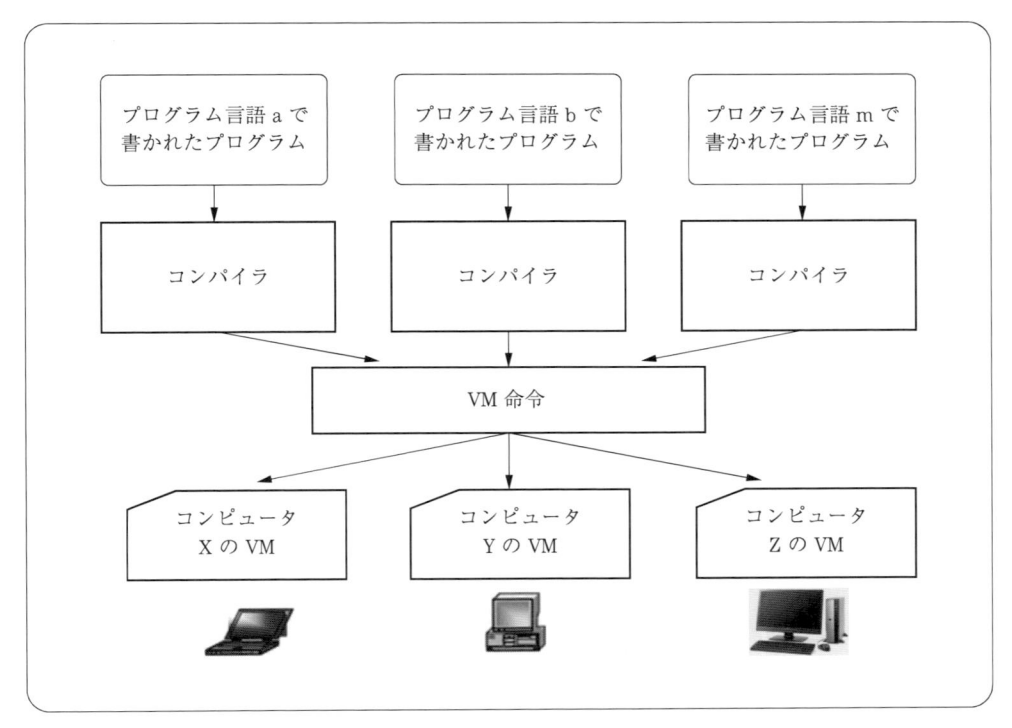

図5.2　VMによる問題解決

5.2　仮想マシンとバイトコード

仮想マシン（VM）とはこのあとで説明するように，ソフトウェアで実現されているコン

50   5. 仮想マシンの原理

ピュータのことです．コンピュータであるからには命令があります．機械語命令では命令は 32 bit でしたが，仮想マシンの命令はバイト長です．これを**バイト命令（バイトコード）**ということもあります．VM 命令は機械語命令とは異なります．

　コンピュータでは，メモリにある機械語命令のプログラムを 1 語ずつ読み出して，実行していました．同じように仮想マシンでもバイトコードのプログラムはメモリ上にあります．これを一命令ずつ読み出して実行しますが，それを行うのは VM というプログラムです．VM はバイトコードを読んで，そのコードがどのような処理をするコードかを判断して，それに対応するプログラムを実行します（図 5.3）．

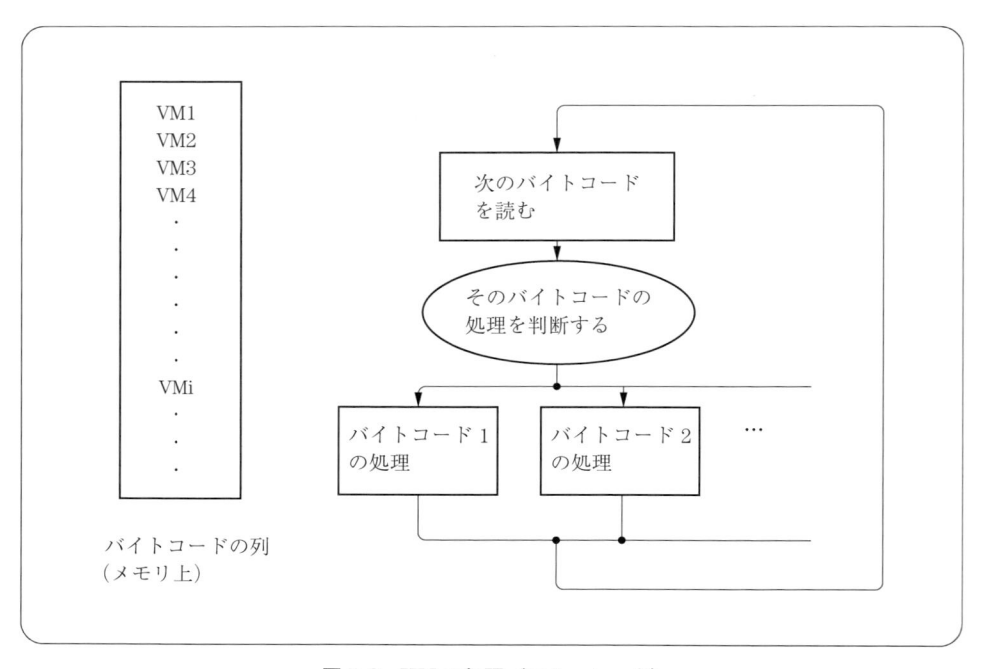

図 5.3　VM の処理（エミュレータ）

　VM はコンピュータの振舞いをプログラムで真似ているとみることもできますが，このようなプログラムのことを**エミュレータ**（emulator）といいます．

　表 5.1 は Java の仮想マシンに対応したバイトコードを示しています．バイトコードには以下のような種類があります．

- 演算：算術，比較など
- 判断分岐
- メモリアクセス：push，pop，ローカル変数
- 配列処理：配列の生成，アクセスなど
- メソッド呼出し，return

5.2 仮想マシンとバイトコード

表 5.1 Java の仮想マシンに対応したバイトコード

	0×00	0×01	0×02	0×03	0×04	0×05	0×06	0×07	0×08
0×00	0×00 nop	0×01 aconst_null	0×02 iconst_m1	0×03 iconst_0	0×04 iconst_1	0×05 iconst_2	0×06 iconst_3	0×07 iconst_4	0×08 iconst_5
0×10	0×10 bipush	0×11 sipush	0×12 ldc	0×13 ldc_w	0×14 ldc2_w	0×15 iload	0×16 lload	0×17 fload	0×18 dload
0×20	0×20 lload_2	0×21 lload_3	0×22 fload_0	0×23 fload_1	0×24 fload_2	0×25 fload_3	0×26 dload_0	0×27 dload_1	0×28 dload_2
0×30	0×30 faload	0×31 daload	0×32 aaload	0×33 baload	0×34 caload	0×35 saload	0×36 istore	0×37 lstore	0×38 fstore
0×40	0×40 lstore_1	0×41 lstore_2	0×42 lstore_3	0×43 fstore_0	0×44 fstore_1	0×45 fstore_2	0×46 fstore_3	0×47 dstore_0	0×48 dstore_1
0×50	0×50 lastore	0×51 fastore	0×52 dastore	0×53 aastore	0×54 bastore	0×55 castore	0×56 sastore	0×57 pop	0×58 pop2
0×60	0×60 iadd	0×61 ladd	0×62 fadd	0×63 dadd	0×64 isub	0×65 lsub	0×66 fsub	0×67 dsub	0×68 imul
0×70	0×70 irem	0×71 lrem	0×72 frem	0×73 drem	0×74 ineg	0×75 lneg	0×76 fneg	0×77 dneg	0×78 ishl
0×80	0×80 ior	0×81 lor	0×82 ixor	0×83 lxor	0×84 iinc	0×85 i2l	0×86 i2f	0×87 i2d	0×88 l2i

- オブジェクト生成
- その他

ここではこれらを全部扱うことはできませんので，図 5.4 に示すように基本的な事項についてのみ説明することにします．なお，バイトコードもビット列ですが，それでは人間には分かりづらいので，アセンブラと同じように英単語（例：add）で書きます．

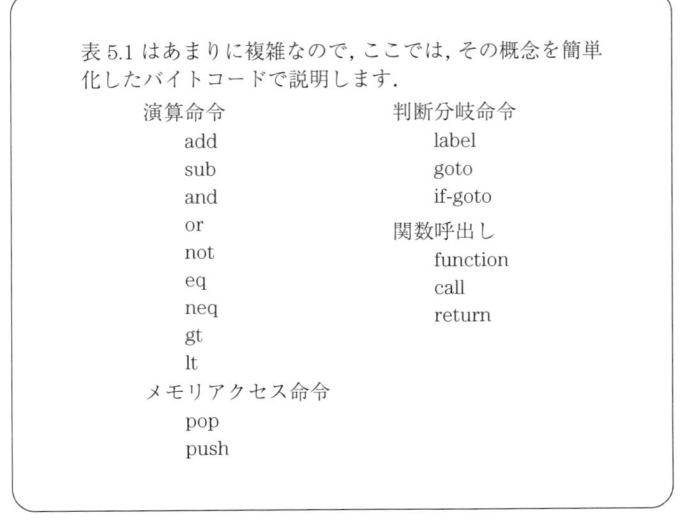

```
表 5.1 はあまりに複雑なので，ここでは，その概念を簡
単化したバイトコードで説明します．

        演算命令              判断分岐命令
        add                  label
        sub                  goto
        and                  if-goto
        or
        not                  関数呼出し
        eq                   function
        neq                  call
        gt                   return
        lt
    メモリアクセス命令
        pop
        push
```

図 5.4 基本的なバイトコードの英単語

高級言語プログラムをバイトコードのプログラムに変換するのはコンパイラの役目です．ここでは VM プログラムの中で代表的な処理について説明します．

5.3 演算命令

図 5.5 は代表的な演算命令です．加算，減算および論理演算については機械語命令と同じですから説明の必要はないでしょう．特徴的なのは比較命令です．eq 命令は指定された二つのオペランドの値を比較して，もし同じなら true 値（1）を，さもなければ false 値（0）を結果とします．その他の比較命令も同じです．

VM コード	説　明
add	x ＋ y
sub	x － y
and	x と y のビットごとの AND
or	x と y のビットごとの OR
not	x のビットをそれぞれ NOT
eq	true if x ＝ y
neq	true if x ≠ y
gt	true if x ＞ y
lt	true if x ＜ y

図 5.5　代表的な演算命令

以上のように演算命令は機械語命令と同じような処理をします．しかし，機械語命令とのおもな違いはオペランドにあります．機械語命令の場合はオペランドはレジスタで，レジスタは 32 個ありましたから，そのうちのどれを使うかを機械語命令の中で指定しました．しかしバイトコードではレジスタは使いません．というのはレジスタの数は実はコンピュータによって違う可能性があるからです．例えば，性能を重んじるコンピュータではレジスタは 64 個の場合もありますし，また経済性を重んじるコンピュータでは逆に 16 個しかない場合もあります．ということで，オペランドにレジスタ番号を指定する方法では，コンピュータによっては存在しないレジスタを使うことになりますので，具合が悪いことになります．

5.3 演算命令

この問題を解決するために，仮想マシン（VM）ではレジスタを使いません．その代わりに**スタック**（stack）を使います．スタックとは，図5.6のように積み重ねという意味です．本の積み重ねに別の本を載せるには，一番上に重ねるしかありません．もし途中に突っ込もうとすると積み重ねは崩れます．同じように，本を取るのも一番上から取るしかありません．途中から引っ張り出そうとすると，積み重ねは崩れます．

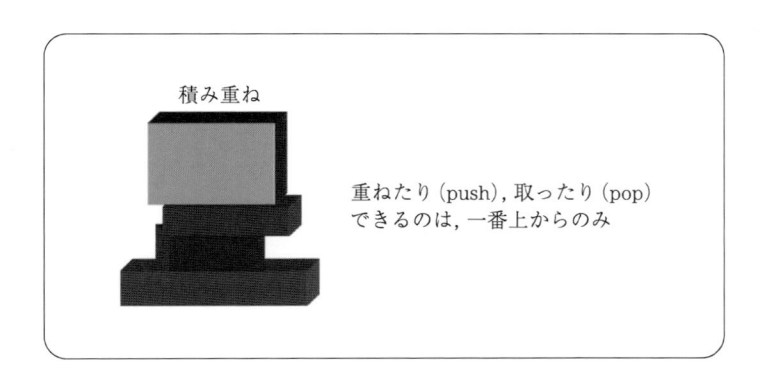

図5.6　VMの演算スタック

このようにスタックの一番上に新しいデータを積むことを**プッシュ**（push），一番上からデータを取ることを**ポップ**（pop）といいます．また，スタックの上のことを**トップ**（top）といいます．

図5.7では，a，b，c，d，e，fと積んであるスタックからポップするとfが取り出され，次にxを，さらにyをプッシュすると，最終的にスタックの内容はa，b，c，d，e，x，yとなる様子を示したものです．

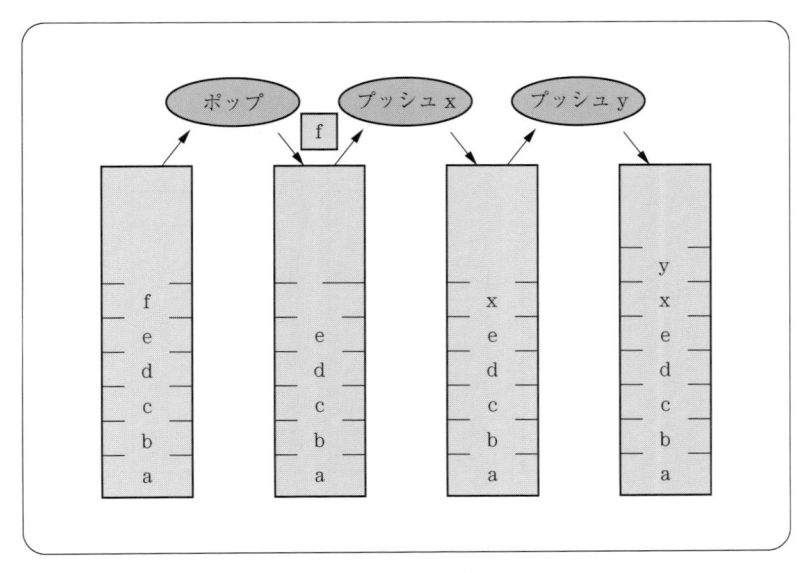

図5.7　スタックの使い方

5. 仮想マシンの原理

図5.8はスタックを使った演算です．スタックを使う演算命令を実行すると，スタックのトップから二つのデータをポップして，この二つのデータを使って演算した結果を再びスタックにプッシュします．このようにスタックを使う命令ではオペランドとしてレジスタを指定しなくても済むので，**ゼロオペランド方式**などということもあります．これにより，レジスタの数の違いなどの問題も解決でき，ハードウェアの違いも意識しなくてよくなります．

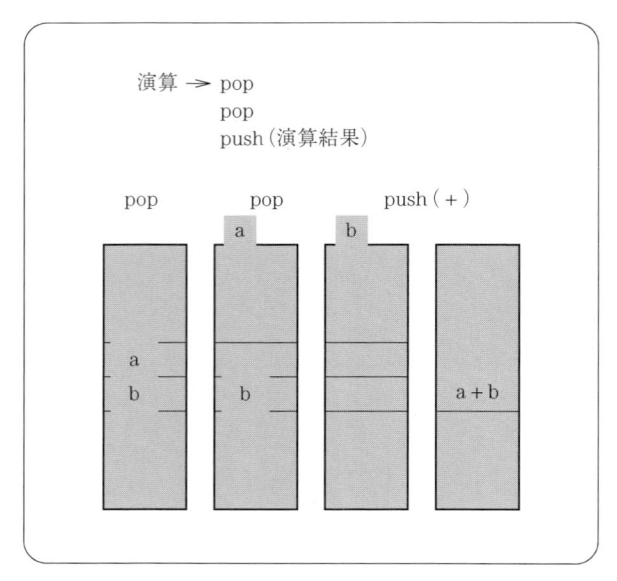

図 5.8 スタックを使った演算

加算，減算，論理演算などの命令では演算の結果がスタックにプッシュされます．eq命令などの比較命令では比較した結果が成立する（true）なら1が，成立しない（false）なら0が，スタックにプッシュされます．

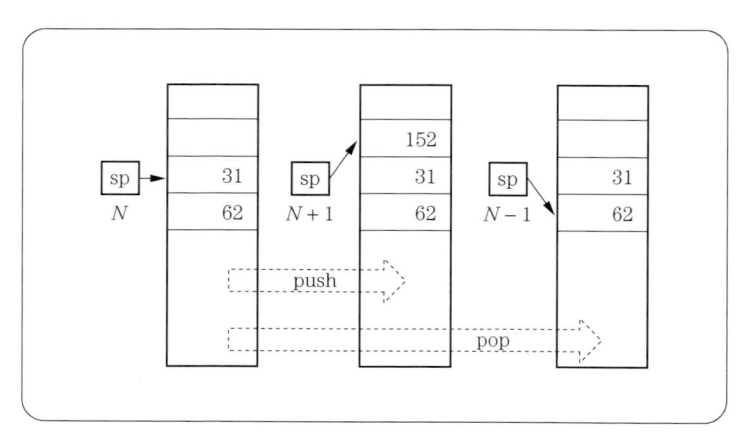

図 5.9 スタックの実現

スタックは配列（行列）を使えばソフトウェアで簡単に実現できます．配列とスタックのトップをさす**スタックポインタ**（stack pointer：sp，変数）を用意します．スタックは最初は空ですから，スタックポインタの初期値は0とします．

図5.9のようにスタックにどんどんデータがプッシュされて，スタックポインタの値がNになっているとします．これは配列のN番目の要素がスタックのトップになっていることを表します．次に，スタックに新しい値をプッシュするには，スタックポインタの値を1だけ増やして，その配列の要素にデータを入れます．同じようにスタックからポップするにはスタックポインタが指している配列の要素から値を取り出して，スタックポインタの値を1だけ減らします．

5.4 メモリアクセス命令

　機械語命令では，メモリとレジスタの間のデータのやりとりのためにロード命令およびストア命令がありました．バイトコードにおいては，プッシュ命令およびポップ命令がその代役を果たします．プッシュ命令もポップ命令も，オペランドとしてメモリアドレスを指定します．プッシュ命令は指定されたメモリのアドレスの内容をスタックに積みます．ポップ命令はスタックのトップの値を取り出して，指定されたアドレスのメモリの語にしまいます（図5.10，5.11）．

　図5.12は高級言語のプログラムと，それに対応する仮想マシンのバイトコードプログラ

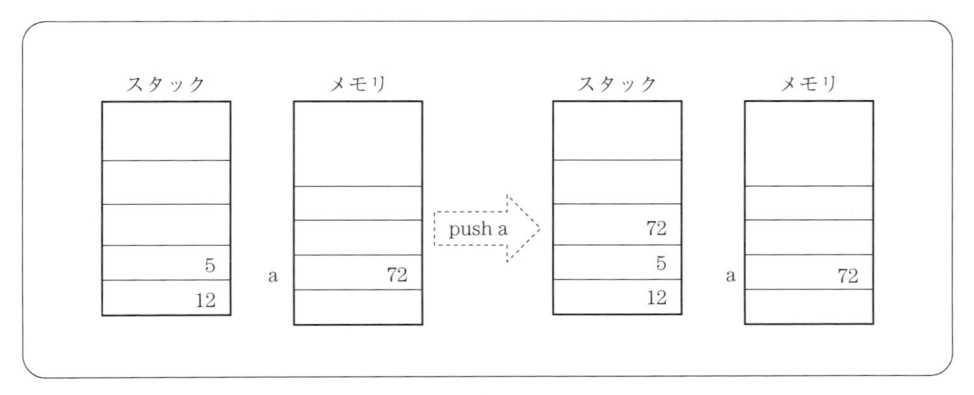

図 5.10　プッシュ命令

56   5. 仮想マシンの原理

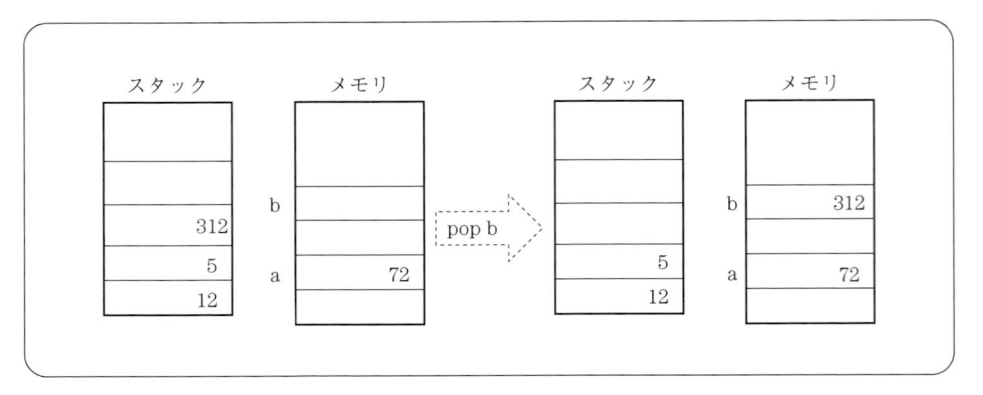

図 5.11　ポップ命令

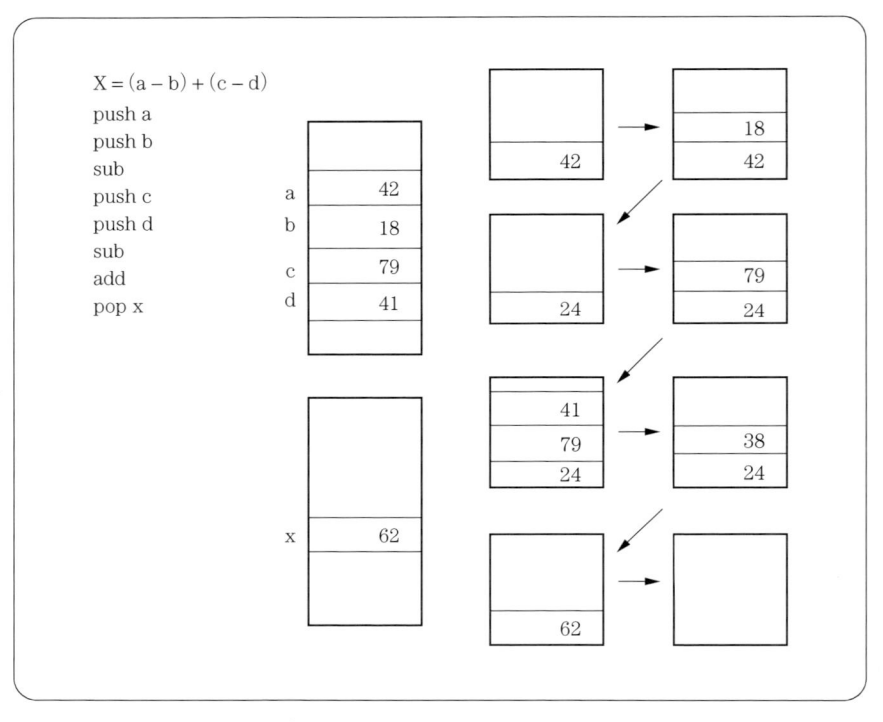

図 5.12　仮想マシンのバイトコードプログラムの例

ムの例です．大きな四角が二つありますが，上がプログラム実行前のメモリ，下が実行後のメモリの内容です．また，右側の八つの四角はバイトコードを一つずつ実行したあとのスタックの内容です．最初は push a ですから，メモリのアドレス a 番地の内容である 42 がスタックにプッシュされています．以後，同じようにスタックの内容が変わっていって，最後に結果がポップされてメモリの x 番地にしまわれて実行が終了します．

　プログラムが使うメモリエリアには，例えば以下のような種類があります．

　　静的割当て　　FORTRAN の場合，C の静的変数など

動的割当て　　実行中の関数が使うローカルなデータエリア

　　　　　　　関数に渡す引き数のエリア，その他

バイトコードが使うメモリエリアもこのような目的に対応していなければなりません．

　仮想マシンが扱うメモリのエリアはその使用目的によって分かれています．それぞれのエリアは**セグメント**（segment）と呼ばれます．セグメントは配列で実現されています．したがって，プッシュ命令とかポップ命令のオペランドの記述は

　　　push　メモリアドレス

　　　pop　　メモリアドレス

の代わりに

　　　push　セグメント名，セグメント内アドレス

　　　pop　　セグメント名，セグメント内アドレス

となります．セグメントの例を図 5.13 に示しました．

```
バイトコード
    pop   segment名    セグメント内相対アドレス
    push  segment名    セグメント内相対アドレス
セグメントには例えば以下のような種類がある．
・ static：プログラム全体で共有する変数を格納するエリア
・ argument：関数への引き数を格納するエリア
・ local：関数に閉じた変数を格納するエリア
・ constant：定数を格納するエリア
・ temp：一時変数の格納エリア
・ その他
```

図 5.13　**セグメントの例**

5.5　判断分岐命令

　機械語命令の判断分岐に対応して，バイトコードにも図 5.14 のように判断・分岐命令が用意されています．バイトコードでは，判断分岐は比較命令の実行結果としてスタックに入っている true または false の値を使います．また，命令ではありませんが，分岐先を定義するために**ラベル**（label）という機能が用意されています．

5. 仮想マシンの原理

```
・goto XXXX      ラベル XXXX に無条件で分岐
・if-goto XXXX   スタックのトップを pop し，その値が true ならラ
                ベル XXXX に分岐，さもなければ次の命令に進行．
・label XXXX    分岐先を定義するラベル XXXX を宣言
```

図 5.14　判断・分岐命令

図 5.15 は判断・分岐命令を使った VM プログラムの例です．高級言語の if 文がバイトコードにどのように変換されるかが分かるでしょう．

図 5.16 は，左側の高級言語プログラム（mult＝x×y を実行するプログラム）とそのバイトコードプログラムの例です．真ん中のバイトコードプログラムには変数の名前が書いてありますが，実際にバイトコードではこれらの変数をメモリに割り当てなければなりません．この例では

・定数 0 と 1 をセグメント constant の 0 番地と 1 番地に

```
if (a == b) then x = y + z else x = y - z
    push a
    push b
    neq
    if-goto else
    push y
    push z
    add
    pop x
    goto end
    label else
    push y
    push z
    sub
    pop x
    label end
```

図 5.15　判断・分岐を使った VM プログラムの例

```
演算処理の例              push 0              push constant 0
mult = 0;               pop mult            pop local 0
rep = y;                push y              push static 1
while not (rep = 0) {   pop rep             pop local 1
    mult = mult + x;    label loop          label loop
    rep = rep - 1;      push rep            push local 1
}                       push 0              push constant 0
                        eq                  eq
                        if-goto end         if-goto end
                        push mult           push local 0
                        push x              push static 0
                        add                 add
                        pop mult            pop local 0
                        push rep            push local 1
                        push 1              push constant 1
                        sub                 sub
                        pop rep             pop local 1
                        goto loop           goto loop
                        abel end            label end
```

図 5.16　VM プログラムの例

- 変数 x と y をセグメント static の 0 番地と 1 番地に
- 計算に使う mult と rep をセグメント local の 0 番地と 1 番地に

というように，それぞれ割り当てています．

5.6 関数呼出しの仕組み

関数を呼び出すときには
- 関数に渡す引き数をしまっておきます．
- 関数の処理が終わったときに元に戻るアドレスをしまっておきます．
- 関数がその処理に使う変数を入れます．

このためのメモリエリアが必要になります．このエリアとして使うのが**コールスタック** (call stack) です．ただし，コールスタックというと新しいスタックが用意されているかのように考えるかもしれませんが，実は先に述べた演算に使うスタックを使います．コールスタックの役目は以下のとおりです．

① **リターンアドレスの格納** 関数が呼び出されたとき，戻るべき命令のアドレスをどこかに記憶しておく必要があり，このためにコールスタックを使います．

② **局所データ格納域** 関数は自分が使う変数の値を格納するメモリ領域を必要とします．これは実行中の関数でのみ使われる変数で，その処理が終われば値を必要としません．このためにコールスタックのエリアを使います．

③ **引き数受け渡し** 関数一般に引き数を必要とするものがあります．引き数は呼出し側のプログラムが提供し，その引き数をコールスタック上に置きます．

④ **その他**

コールスタックは，図 5.17 のようにその名が示すとおりスタック構造となっています．関数が呼び出されるたびにその関数の局所データ領域，リターンアドレス格納域，引き数領域がスタックのトップにとられます．これらをまとめて**スタックフレーム** (stack frame) と呼びます．スタックフレームはその関数の実行が終了するとその役目を終えますので，スタックのトップから取り除かれます（ポップされます）．

関数から新しい関数を次々と呼ぶと，それらのコールスタックが呼ばれた順にスタックに積まれます．関数は最後に呼ばれた関数から，呼ばれた順の逆順で呼出し元に戻りますの

5. 仮想マシンの原理

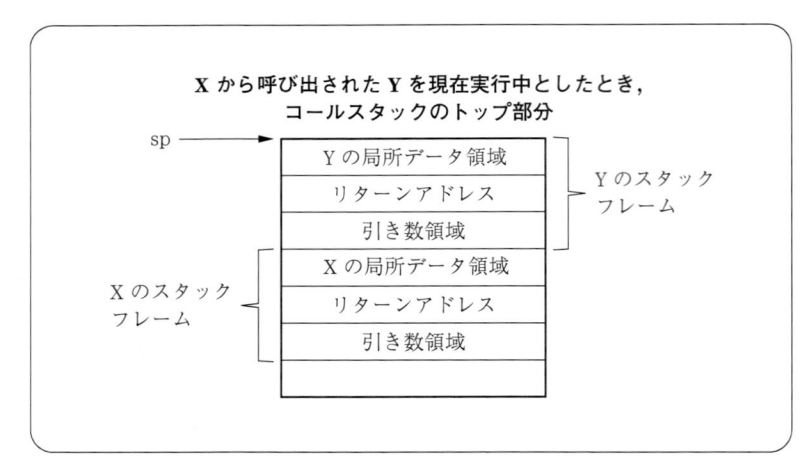

図5.17 コールスタックの内容

X から呼び出された Y を現在実行中としたとき、コールスタックのトップ部分:

- Y のスタックフレーム
  - Y の局所データ領域 ← sp
  - リターンアドレス
  - 引き数領域
- X のスタックフレーム
  - X の局所データ領域
  - リターンアドレス
  - 引き数領域

で，スタックフレームもその順でスタックからポップされていきます．前の説明で述べたように，コールスタックは演算のスタックを使います．この図で示している局所データ領域というのが，演算で使うスタックエリアです．

```
function multiply (x, y) {
    vars mult, rep;
    mult = 0;
    rep = y;
    while not (rep = 0) {
        mult = mult + x;
        rep = rep - 1;
    }
    return mult;
}
```

図5.18 プログラム例

それでは，実際のVMのバイトコードのプログラムがどうなっているかについて説明します．例として図5.18のような関数を考えてみましょう．

この関数はすでに説明したように乗算を行う関数です．このプログラムのバイトコードプログラムもすでに説明しました．これから説明するのはこの関数を呼び出す（call）ためのバイトコードプログラムの仕組みと，この関数から元に戻る（return）ためのバイトコードプログラムの仕組みです．

関数 multiply を呼び出すプログラムの例を図5.19に示しました．このプログラムは n の階乗（$n!$）を求めるプログラムですが乗算をするために関数 multiply を使っています．このプログラムに対するバイトコードプログラムは簡単ですから説明するまでもないと思います．このプログラムの**関数呼出し文**（multiply（result, rep））に対応するバイトコードがどうなるかですが，図の右のようにまず引き数をすべてスタックにプッシュします．スタックフレームの中で最初に引き数がスタックにプッシュされていたのを思い出してください．

次に，バイト命令 call を実行します．call 命令は次の処理をします．

5.6 関数呼出しの仕組み

```
関数 multiply を呼び出す          左のプログラムのバ
プログラム                        イトコード中で関数
result = 1;                      multiply を呼び出す
rep = 1;                         バイトコード
while rep <= n  {                 ……
    result =                     push result
        multiply (result, rep);  push rep
}                                call muliply
                                  ……
```

図 5.19　関数呼出しのバイトコード

- リターンアドレスをスタックにプッシュします．
- 関数 multiply の先頭に分岐します．

次に，関数の中から元に戻る処理について説明します．呼び出された関数は図 5.20 のように戻り値を指定して，呼び出されたプログラムに戻ります．これに対応するバイトコードは右のとおりです．まず，戻り値を必要なだけスタックにプッシュします．この時点ではまだこの関数のスタックフレームはスタックのトップに残っています．

```
呼び出された関数                  左のプログラムで元のプ
function multiply (x, y)          ログラムに戻る処理に対
    {                            応するバイトコード
    vars mult, rep;               ……
    mult = 0;                    push mult
    rep = y;                     return
    while not (rep = 0) {         ……
        mult = mult + x;
        rep = rep - 1;
    }
    return mult;
}
```

図 5.20　関数からの戻りのバイトコード

次に，バイト命令の return を実行します．return の処理の中身は次のとおりです．

- この関数のスタックフレームの中からリターンアドレスを得ます．
- スタックのトップにある戻り値を適当な場所に退避します．
- スタックフレームをクリアします（具体的にはスタックフレームをポップします．そのためにはスタックポインタの値を呼出し元プログラムのスタックフレームのトップに設

定すればよいでしょう）．

- スタックに退避しておいた戻り値をプッシュします．
- リターンアドレスに分岐します．

この結果，関数呼出しプログラムに制御が戻り，戻り値はスタックのトップに入っていることになります．

最後に，関数を宣言する function 文の処理ですが，ここは関数の入り口になりますから，図 5.21 のようにバイトコード label を使って分岐先の宣言をします．

```
function の処理
function multiply (x, y) {
   vars mult, rep;           label の宣言
   mult = 0;
   rep = y;
   while not (rep = 0) {     label function
      mult = mult + x;       ……
      rep = rep – 1;
   }
   return mult;
}
```

図 5.21　関数宣言のバイトコード

本章のまとめ

仮想マシンの命令　　演算命令，分岐命令，条件判断命令，pop と push 命令

● 理解度の確認 ●

問 5.1　三角関数の sin を計算するプログラムを VM コードを使って作成しなさい．

問 5.2　図 5.6 に示した VM コードを実行する仮想マシンを作成しなさい．なお，作成には高級言語を使います．

6 コンパイラの仕組み

　コンパイラは，高級言語で書かれたプログラムを機械語プログラムやバイトコードプログラムに変換するプログラムです．本章ではバイトコードへ変換するコンパイラについて説明します．

　まず，最初に言語とは何かということを，計算機科学の立場から考えてみたいと思います．コンピュータで言語を扱うのはおもに次の二つの場合です．一つは我々が日常使っている言語をコンピュータに理解させることで，もう一つがここで扱うプログラム言語の処理です．

　我々が日常的に使っている言語（日本語，英語，…：自然言語）をコンピュータに理解させる処理には自動翻訳や対話などがあります．

　後者の対話は，コンピュータが使う言語（プログラミング言語）を設計したり，またそれによって書かれたプログラムをコンパイルしたりすることです．

6.1 文法の基本

言語には文法と意味があることはわざわざ説明するまでもないと思います．高級言語（プログラム言語）も言語ですから，文法（syntax）と意味（semantics）があります．意味はコンピュータが実行する処理に対応します．文法はプログラムを書くうえでの約束です．

まず，**文法**ですが，例えば英文法を思い出してもらえば，文法の定義には厚い参考書があって，内容を見ると沢山の難しい説明や例外があり，すぐには理解できないという状況でした．残念ですがこのように難しい文法をコンピュータに理解してもらうようにするのは，不可能でないにしても非常に多くの労力を要します．これではプログラムを書くことが困難になってしまいますし，またコンピュータにプログラムを処理させるのも簡単ではなくなります．すなわち，プログラム言語の場合は，人間もまたコンピュータも理解しやすいような文法にする必要があります．

ここで改めてプログラム言語の文法が果たすべき役割について考えてみます．以下のように二つの役割があります．

- 文法に則した「文」を生成します．
    - 「文」の生成
    - 我々がプログラムを作る場合はこちら
- 与えられた「文」が文法に合っているかを判定します．
    - 「文」の認識
    - コンパイラはこちら

ここでは2番目の役割，すなわちコンパイラについて説明をします．

文法とは，図6.1のように定義されています．文法は，その言語の正しい文を定義するためのものです．文法ではまずその言語で使える文字，**終端記号**（terminal symbol）を定義します．例えば，英語であればaからzまでのアルファベットですし，日本語であれば「あいうえお」のかな文字と漢字群です．プログラム言語の場合は，例えば，aからzまでのアルファベットと，数字，それに加えて記号（<，>，＋，－，＝など）が終端記号になります．

次に定義するのが**非終端記号**（nonterminal sysmbol）です．非終端記号は，文法の定義

6.1 文法の基本

```
・終端記号（T）の集合
    ○ 文字
・非終端記号（NT）の集合
    ○ ＜＞に挟まれた文字列．文法でのみ使います．
    ○ 特別の非終端記号として S が定義されています．
・書換え規則（文法規則）の集合
    ○ 書換え規則とは次の形式
        NT → NT と T の任意の組合せの列
    ○ 一般には同じ一つの左辺に対して複数の規則が
      あり得るので，その場合は | で区切って並べても
      よいでしょう．
    ○ S → …: という規則があります．
```

図 6.1 文法の定義

のためにだけ使われるもので，文の中では使われません．非終端記号と終端記号を区別するために，非終端記号は ＜ と ＞ で挟んだ文字列で表す方法をとるのが普通です．また，文法の説明などを行う場合には，終端記号をアルファベットの小文字で，非終端記号をアルファベットの大文字で，それぞれ表すこともあります．特別の非終端記号として，S（start）という非終端記号を定義します．

　最後に，**書換え規則**の集合を定義します．書換え規則は，一般に「NT → NT と T の任意の組合せの列」という形式をとります．すなわち → の左辺は必ず非終端記号です．なお，終端記号の集合，非終端記号の集合ならびに書換え規則の集合のいずれにおいても，それらを書き下す場合にその集合の要素（終端記号など）を書く順序は任意です．

　次に，簡単な書換え規則の例を示します．

　　　A → aBc
　　　B → b

この例では，a，b，c が終端記号で，A と B が非終端記号です．

　一般には，同じ非数単記号に対して，いくつかの異なる書換え規則が定義されていることがあります．この場合，例えば

　　　A → abC
　　　A → dEf
　　　A → a

というように並べて書いてもよいですが，簡単のために

　　　A → abC | dEf | a

というように | で区切って並べる便法もあります．

それでは書換え規則をどのように使うのでしょうか．以下のように使うことによって生成される終端記号の文字列のすべてが，その文法で定義される言語の文になります．

① 左辺が S である書換え規則を 1 個選びます．
② その書換え規則の右辺を 1 個選びます．
③ この文字列を MM と呼ぶことにします．
④ ③ の中から任意の非終端記号 X を 1 個選びます．
⑤ 左辺が X である書換え規則を 1 個選びます．
⑥ ④ の X を ⑤ の書換え規則の右辺の 1 個で書き換えます．
⑦ MM に非終端記号が含まれていなければ終了し，さもなければ ③ に戻ります．

書換え規則の中には，必ず左辺が S の書換え規則が一つ以上定義されています．この書換え規則から始めます（（もし，左辺が S の書換え規則が複数あれば，任意の規則を選びます）．その規則の右辺の中に非終端記号が 1 個でもあれば，それを右辺とする書換え規則を選んでその非終端記号をその規則の左辺で書換えます．この処理を繰り返して最終的にすべてが終端記号の文字列が得られたら，それがこの文法で定義可能な文の一つになります．

変数 a，b，c と ＋ からなる任意の式を生成する文法

　　（例）　　a ＋ b ＋ b ＋ c
　　　　　　 a

〈式〉→〈変数〉｜〈変数〉＋〈式〉
〈変数〉→ a｜b｜c

〈式〉→〈変数〉＋〈式〉
〈式〉→ a ＋〈式〉
　（〈変数〉→ a を使います）
〈式〉→ a ＋〈変数〉＋〈式〉
　（〈式〉→〈変数〉＋〈式〉を使います）
〈式〉→ a ＋ b ＋〈式〉
　（〈変数〉→ b を使います）
〈式〉→ a ＋ b ＋〈変数〉
　（〈式〉→〈変数〉を使います）
〈式〉→ a ＋ b ＋ c
　（〈変数〉→ c を使います．
　すべて終端記号になので終了します）

左は，非常に簡単な文法とそれによる文の生成の例です．〈式〉が S の役割を果たしていると考えてください．

以上が文法に従った文の生成方法ですが，コンパイラの役割はその逆です．与えられた文が文法によって生成された文か否かの検定を行います．このために書換え規則を生成時とは逆方向に使います．与えられた文の中の文字列で，書換え規則の右辺に相当する部分を見つけたらその部分をその書換え規則の左辺で置き換えます．この処理を繰り返して最終的に S に変換できたら，その文は文法に従っているということになります．

次ページの右は，先の例の文が文法に従っているかを検定している様子です．

我々は，文が文法に従って生成されたものかどうかを検定する処理を「機械」になぞらえて，**受容器**という呼び方をし

6.1 文法の基本

ます．コンパイラはこの受容器に加えて，適当な機械命令列を生成するプログラムになります．

文法に従って生成された文かどうかを検定するために，文の中の文字列の中から書換え規則の右辺の文字列を見つけてそれをその書換え規則の右辺で置き換えるといいましたが，実はこれは簡単な処理ではありません．一般には，複数の書換え規則の右辺に相当する部分があり得ますから，そのときにどの書換え規則を適用するかを決めなければなりません．誤った選択をすると，S に行きつかないこともあります．このような状況を回避

```
a + b + c
  (〈変数〉→ c を使います)
a + b + 〈変数〉
  (〈式〉→〈変数〉を使います)
a + b + 〈式〉
  (〈変数〉→ b を使います)
a + 〈変数〉+〈式〉
  (〈式〉→〈変数〉+〈式〉を使います)
a + 〈式〉
  (〈変数〉→ a を使います)
〈変数〉+〈式〉
  (〈式〉→〈変数〉+〈式〉を使います)
〈式〉
  (〈式〉に変換できたので，これは文法
    に従っている文です)
```

するために，文法の書換え規則に制限を設ける場合もあります．これによって，文法に従っている文かどうかの検定を簡単にしようという狙いです．どのような制限を設けるのでしょうか．

一番簡単な（制限が厳しい）文法は以下に示す**正規文法**（regular grammar）です．

```
S → aX | bY
X → c | dZ
Y → e
Z → fY | eX
```

正規文法では，書換え規則は以下の 2 種類のみです．

〈非終端記号〉→ 終端記号 〈非終端記号〉

〈非終端記号〉→ 終端記号

（例）　左のように非終端記号は大文字，終端記号は小文字で記します．

```
・入力アルファベットの集合 Σ
・状態の集合 |S_i|
・状態の遷移図
    ○状態 S_j のときにアルファベット σ_i が入力されると，
      状態 S_k に移る（図 3.14 参照）
          (S_j) →σ_i→ (S_k)
・初期状態 S と終了状態 F（なお，図では F は二重丸
    で示す．図 3.13 参照）
```

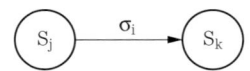

図 6.2　有限オートマトンの定義

6. コンパイラの仕組み

それでは正規文法で定義された文の受容器を設計しましょう．正規文法の文の受容器は有限オートマトン（finite state automaton）で実現できます．有限オートマトンは一般的には図6.2のように定義されます．

有限オートマトンは，以下のように動作します．

- 最初は初期状態にあります．
- 入力されたアルファベットにより，状態遷移図に従って，状態を遷移します．
- 最後のアルファベット入力後に終了状態にあれば，その入力アルファベット列は「受け付けられた」といいます．

図6.3は，有限オートマトンの例です．また，図3.15に示した自動販売機の例も有限オートマトンです．

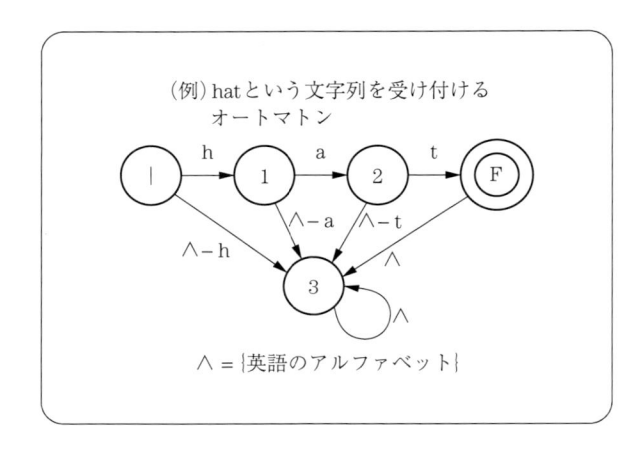

図6.3　有限オートマトンの例

正規文法を有限オートマトンに変換する手順は以下のとおりです．

① 非終端記号に対応して状態を設けます．
② 書換え規則に現れる終端記号の集合を入力アルファベットとします．
③ 書換え規則 X → aY に対応して状態遷移を設けます．
④ 書換え規則 W → b に対応して状態遷移を設けます．

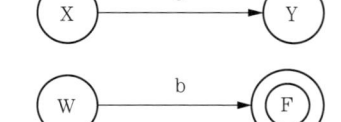

得られた有限オートマトンが，対応する正規文法の受容器となります．受容器を使って文が文法に従ったものかどうかを調べるために，文の先頭から1文字ずつ有限オートマトンに入力します．有限オートマトンは最初は初期状態（S）にあり，以後入力文字に従って状態を遷移します．最後の文字が入力された後で最終状態（F）にあればその文字列は文法に従ったものです．この場合，文はこの受容器（有限オートマトン）に受理されたといいます．

図6.4では，先に示した文法の例を有限オートマトンに変換しました．例えば，文

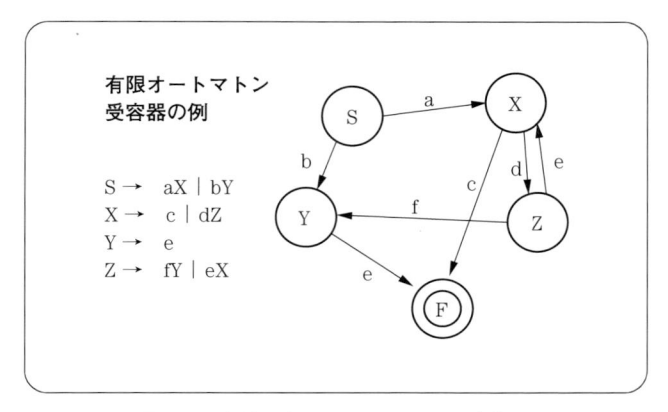

```
          有限オートマトン
          受容器の例           S ──a──▶ X
                              │         │ ╲
          S →  aX | bY       b         c  e
          X →  c | dZ         │    f    │   ╲
          Y →  e              ▼ ──────▶ Z
          Z →  fY | eX        Y         │
                               ╲       d
                                e──▶ F
```

図 6.4 文法からオートマトンへの変換例

adededfe がこの受容器に受理されるものであることを確認してみてください．

　書換え規則に正規文法のような制限を設けない文法，すなわち最初に定義した文法のことを**文脈自由文法**（context free grammar：CF）と呼びます．

　文脈自由文法の簡単な例を以下に示します．この例は数の文法です．数は先頭の数字は 0 ではありません．それでは文脈自由文法の受容器はどのようなものでしょうか．これについてはこのあとで説明します．

〈数〉→〈先頭数字〉|〈先頭数字〉〈数字〉

〈先頭数字〉→ 1 | 2 | 3 | 4 | 5 | 6 | 7 | 8 | 9

〈数字〉→ 0 | 1 | 2 | 3 | 4 | 5 | 6 | 7 | 8 | 9 |〈数字〉〈数字〉
　　　（この例では〈数〉が S の役割をしている）

「数」の生成の例　　〈数〉→〈先頭数字〉〈数字〉→〈先頭数字〉〈数字〉〈数字〉→〈先頭数字〉〈数字〉1 →〈先頭数字〉21 → 321

6.2　コンパイラの構成

　コンパイラの仕組みについて説明しましょう．コンパイラは高級言語プログラムが文

6. コンパイラの仕組み

法に沿ったものであるかを確認して，その意味を解釈して対応する機械語命令プログラムを生成しますが，ここでは機械語命令の代わりに先に説明したバイトコード（仮想マシンの命令列）に変換するコンパイラを扱うことにします．

コンパイラの構成は以下のとおりです．

分析（解析）→ 合成（生成）

プログラムを解析して機械語命令列を生成

　字句解析，構文解析，意味解析，コード生成，最適化，実行時処理

コンパイラはゼロからすべてを自分で作らなくても，フリーウェアで使えるツールがあります．例えば，字句解析にはLex，構文解析にはYACCなどのプログラムがあります．これらはインターネットで調べてダウンロードすることができますから，ぜひ一度見てください．

6.2.1　字　句　解　析

字句解析部（scanner）は高級言語のプログラムを調べて，それぞれの文字（字句）が予約語（言語で決まっている単語．例えば for など），変数名，数字，記号などの区別をするプログラムです．処理の内容は以下のとおりです．

- ソースプログラムの文字の列から，スペースを除去して**字句**（token）を認識する．
    - ○字句とは，識別子，定数（実数，整数，文字，文字列など），演算子，区切り記号などです．
- 字句は正規文法で定義できるので有限オートマトンを作ればよいでしょう．

字句が予約語かどうかを調べるのは簡単です．**図6.5**のように基本的には予約語の表を用意しておいてこれを検索することによって実現できます．

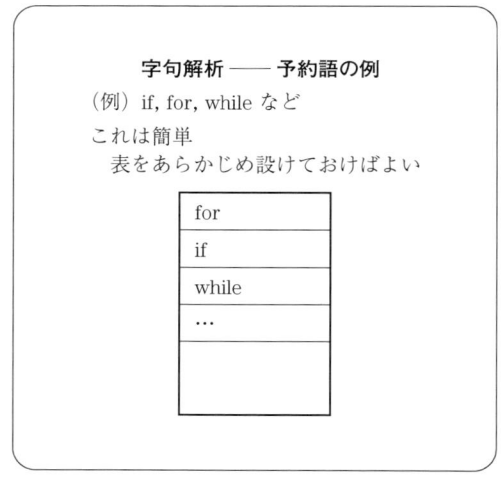

```
字句解析 ── 予約語の例
（例）if, for, while など
これは簡単
　表をあらかじめ設けておけばよい

┌─────────┐
│ for     │
├─────────┤
│ if      │
├─────────┤
│ while   │
├─────────┤
│ …       │
└─────────┘
```

図6.5　予約語の解析

字句が予約語でなければ次に変数名かどうかを調べます．変数名には例えば**図6.6**のようにアルファベット4文字以内などの規則がありますので，これを確かめるには有限オートマ

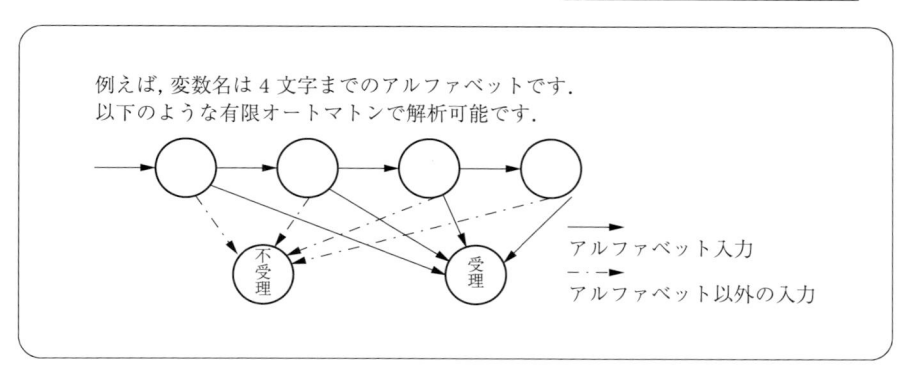

> 例えば, 変数名は4文字までのアルファベットです.
> 以下のような有限オートマトンで解析可能です.
>
> → アルファベット入力
> ‒·‒· アルファベット以外の入力

図 6.6 変数名の解析

トンが使えます.

次に, 字句が数字かどうかを調べる方法について説明します. 以下は, 浮動小数点の定義の例です.

浮動小数点の定義

　　　　（＋｜－｜）digit.digit digit*(e（＋｜－｜）digit digit*)；
　　　　　digit は 0 から 9 までの任意の数字
　　　　＊は 0 個以上の数字列を表します.

① 符号（なくてもよい）
② 小数点（.）の上の桁に 1 個の数字
③ 小数点（.）
④ 小数点以下に 1 個以上の数字の列
⑤ 指数部（書かなくてもよい）. 書く場合には
　　1）指数表示（e）
　　2）符号（なくてもよい）
　　3）指数を表す 1 個以上の数字の列
⑥ 数字の最後を示す ；

仮数部と（任意の）指数部から構成されています. 仮数部は整数部と小数部から構成されています. 整数部 1 桁の数字で小数部は 1 桁以上の数字です.

また, 指数部も必須で符号または符号なしの 1 桁以上の数字です. 右に浮動小数点の例を示します.

なお, 数字の最後を示す；はこの説明のために便宜的に設けたもので, 実際には数字の終わりは, 数字の後のスペースや ＋, － の記号などで数字の終わりを判定します. これから

（例）
　－1.5742 e 21；
　＋0.352 e 10；
　6.241 e－2；
　0.0 e 0；

分かるように浮動小数点は
① 浮動小数点は＋または－または数字または．（小数点）で始まります．
② 仮数部の整数部は1桁の数字で，小数部は1桁以上の数字列です．
③ 指数部は符号ありまたはなしの1桁以上の数字列です．
④ 浮動小数点は；がくれば終わりです．

浮動小数点を以下のような正規文法で定義します．

```
S → ＋B | －B | digit F
B → digit F
F → .P
P → digit E
E → digit E | e A
A → ＋N | －N | digit T
N → digit M
M → digit M | ；
T → digit T | ；
    なお，digit は（0 | 1 | 2 | 3 | 4 | 5 | 6 | 7 | 8 | 9）の略記です．
```

以上に定義した浮動小数点を認識する有限オートマトンはこの図6.7のようになります．

状態	＋	－	digit	．	e	；
S	B	B	F			
B			F			
F				P		
P			E			
E			E		A	
A	N	N	T			
N			M			
M			M			end
T			T			end

図6.7　浮動小数点を認識する有限オートマトン

ここでは，状態遷移図の代わりに遷移表を使っています．なお，空欄はすべてエラーとなります．

字句解析した結果は，それぞれの字句ごとにその字句が予約語であるか，変数名である

か，数字であるかなどの解析結果を付加したものになります．

例えば，図 6.8 に示すように解析結果を HTML（hyper text markup language）で表します．

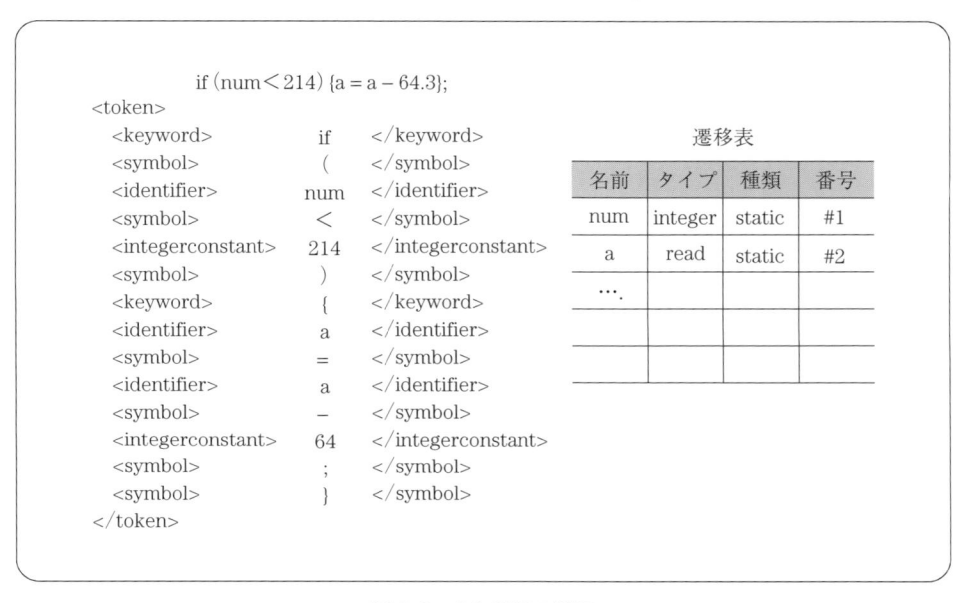

```
           if (num＜214) {a = a − 64.3};
    <token>
       <keyword>           if      </keyword>
       <symbol>            (       </symbol>
       <identifier>        num     </identifier>
       <symbol>            <       </symbol>
       <integerconstant>   214     </integerconstant>
       <symbol>            )       </symbol>
       <keyword>           {       </keyword>
       <identifier>        a       </identifier>
       <symbol>            =       </symbol>
       <identifier>        a       </identifier>
       <symbol>            −       </symbol>
       <integerconstant>   64      </integerconstant>
       <symbol>            ;       </symbol>
       <symbol>            }       </symbol>
    </token>
```

遷移表

名前	タイプ	種類	番号
num	integer	static	#1
a	read	static	#2
….			

図 6.8　字句解析の結果

なお，この段階で変数名については
- プログラム中で何番目に出現したものかという番号の付与
- 変数の種類（整数か浮動小数かなど）などの情報の付与などを行うための変数表（シンボルテーブル）の作成
- 数字については内部表現（2 進数）への変換

なども行います．

6.2.2　構　文　解　析

構文解析（parsing）は，コンパイラの中でも最も重要な処理を行う部分です．高級言語のプログラムの文が文法に従った正しい文かどうかを解析して，対応する機械語命令プログラムへの変換の準備を行います．なお，文法には正規文法と文脈自由文法があると説明しましたが，高級言語はすべて文脈自由文法を使っています．

以下は，プログラム言語の文法の一部の例として，識別子（変数名）の文法を示しました．変数名は 1 文字以上の英数字で，先頭は必ず英字です．

〈識別子〉::=〈英字〉〈英数字〉|〈英字〉
〈英数字〉::=〈英数字〉〈英数字〉|〈英字〉|
　　　　　　　〈数字〉
〈数字〉::=0|1|2|3|4|5|6|7|8|9
〈英字〉::=a|b|c|d|e|f|g|h|i|j|k|l|m|n|o|p|q|r|s|t|u
　　　　　|v|w|x|y|z

実際の高級言語の文法は，例えば以下のようなものです．

```
〈program〉→〈statements〉
〈statements〉→{〈statements〉；〈statement〉}　|〈statement〉
〈statement〉→〈assignmentstatement〉|〈ifstatement〉
　　　　　　|〈whilestatement〉|  and other statements
〈whilestatement〉→ while（〈expression〉）〈statements〉
〈ifstatement〉→〈simpleif〉|〈ifelse〉
〈simpleif〉→ if（〈expression〉） statements〉
〈ifelse〉→   if（〈expressin〉）〈statemants〉else〈statemments〉
　……
```

具体的には，皆さんが使っている高級言語の参考書にその言語の文法がのっているはずですから改めてよく眺めてみてください．以下は，文法に従ったプログラムの例です．再び具体的なことは皆さんのプログラムの参考書を見てください．

```
if (a==b) {
        〈assignmmentstaement〉；
        while (I>10)
                〈statements〉
        }
if (d<e) {
        〈statement〉；
        if (f>32) {
                〈statements〉
                }
        else
                〈assignmentstatement〉
        }
```

6.2 コンパイラの構成

　与えられたプログラムの文が正しい文法に沿ったものか否かを調べることを，構文解析といいます．先に説明したように，構文解析は原理的には文に適用可能な右辺を持つ書換え規則を見つけてその部分をその書換え規則の左辺で置き換える，という処理を繰り返して最終的にSにいきつくか否かを調べることによって実現できます．その様子を示したのが図6.9です．

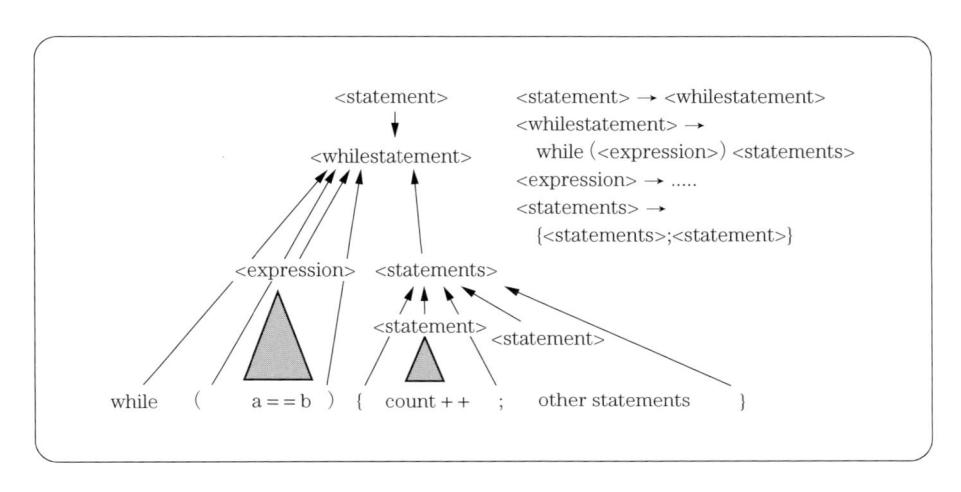

図6.9　構文解析の概念

　構文解析の代表的な手法に **top-down parser** というのがあります．この手法を図6.10に示しました．

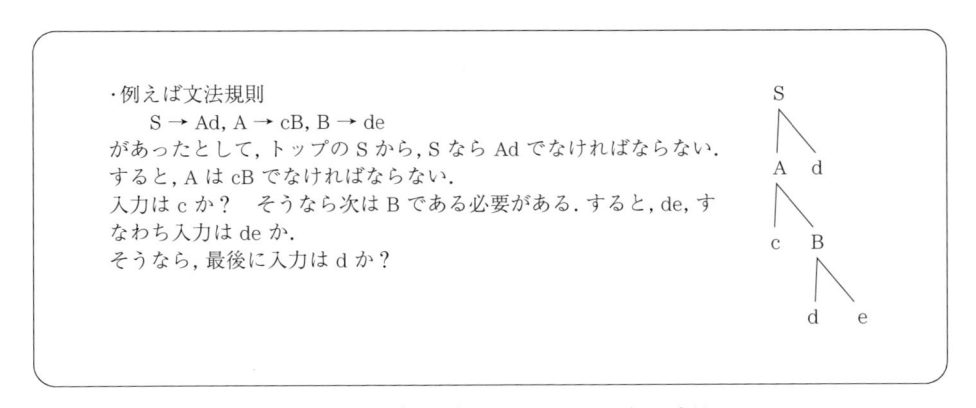

図6.10　構文解析（top-down parser）の方法

　top-down parser のプログラムは，文法のそれぞれの書換え規則に対応して以下に示すような関数を用意することによって実現することができます．

・例えば，書換え規則 S → cAd に対して
S（ ） if (token=="c") else return false；
　　　if A（ ） else return false； 　/*関数 A（ ）の呼出し*/
　　　if (token=="d") {return true else return false；

ここで token は入力文を scan して次の字句を読み出す関数です．S（ ）を実行するとその中で，同じような関数 A（ ）が呼び出されます．このような関数呼出しを続けていって最終結果が true で返ってくれば，この文は文法に沿った正しい文ということになります．もし途中で false になればその時点でこの文は文法に従っていない文ということになります．

ここでは，例として S → cAd という書換え規則に対して用意すべき関数を示していますが，一般には書換え規則は

　　　L → XY…Z（ただし X，Y，Z は T（終端記号）または NT（非終端記号））

という形をしていますから，これに対応して用意すべき関数は

　　L（ ）もし X が NT なら X（ ），もし X が T なら if (token=="X")
　　　　　　　　　　　　　　　　　　　　　　　　　else return false；
　　　　もし Y が NT なら Y（ ），もし Y が T なら if (token=="Y")
　　　　　　　　　　　　　　　　　　　　　　　　　else return false；
　　　　……

という関数です．

同じ非終端記号の左辺に対して複数の右辺がある場合の関数は次のようになります．

例えば

　　　L → aM | bN

のような規則に対する関数は

　　L（ ） if (token=="a") else goto next；
　　　　　if M（ ） {return true} else goto next；
　　　　next：
　　　　　if (token=="b") else return false；
　　　　　if N（ ） {return true} else return false；

というように，まず最初の右辺を試してそれがもし成功しなければ次の右辺を試すというプログラムになります．

ここに示したような方法で作った構文解析プログラムは簡単に作れますが，そのままで実行すると，うまく動作しない場合があります．それは次のような問題点があるからです．

① **左再帰性**

A → Aα のような書換え規則で無限ループ

② **バックトラック**

S → cAd　A → a | ab

cabd は？

最初の問題は**左再帰性**です．もし，書換え規則に A → Aα のような規則（α の部分はどのような文字列でも構いません）があったとします．すると，これに対応する関数は

A（ ）　A（ ）；…（α に対応する処理）

となりますから，関数 A が呼ばれるとその中で最初に A が呼ばれることになり

```
void A（ ）{A（ ）；α を読む}
A を呼ぶ
  → A（ ）
    → A（ ）
      → A（ ）
……無限ループ！
```

というように永久に A が呼ばれ続けるという無限ループに陥ってしまいます．

次の問題は，書換え規則の右辺に同じ終端記号から始まる規則（例えば A → a と A → ab というように終端記号 a から始まる二つの書換え規則がある場合）が複数ある場合です．これに対する関数を前のような考え方で作ると

```
A（ ）if(token=="a") {return true} else goto next；
    next：
     if (token=="a") else return false；
     if (token=="b") {return true} else return false；
```

というプログラムになります．このプログラムを入力 cabd に適用すると，A（ ）は最初の if 文で true を返しますがその次の入力文字は b なので残念ながら S にはなりません．ここでは，A（ ）は next 以下の部分を実行しなければなりませんが，その仕組みがありません（**図 6.11**）．これを実現する仕組みを**バックトラック**といいます．

上記の問題を避けるための方策です．任意の書換え規則を持つ文法を s 文法に変化するに

6. コンパイラの仕組み

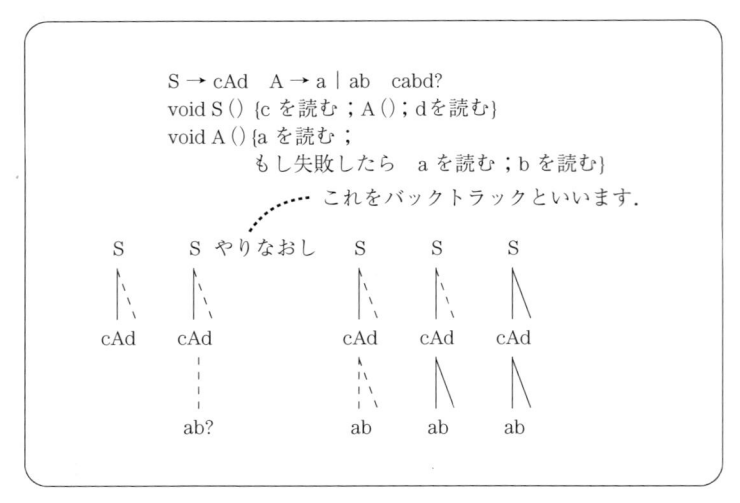

```
S → cAd   A → a | ab   cabd?
void S() {c を読む；A()；d を読む}
void A() {a を読む；
         もし失敗したら  a を読む；b を読む}
```
……これをバックトラックといいます．

図6.11 バックトラック

はどうすればよいでしょうか．基本的な考え方は以下のとおりです．

---

① 左再帰
　○これは避けることが必須なので，書換え規則を変更します．
② バックトラック
　○書換え規則を変更します（できればバックトラックは避けたい）
　○（どうしてもしょうがなければ）スタックを使います．

左再帰性の除去には基本的には，書換え規則から生成可能な文を考えて，それに適した書換え規則を新たに構築することで実現できます．手順は以下のとおりです．

---

① $A → Aα$，$A → α$ から左再帰性を除去するために，$A → aA'$，$A' → αA'$，$A' → ε$（空白記号）に変換します．
② 間接的に左再帰性になっているものについては，規則の「代入」によって直接の左再帰に変換します．
　　　　$A → BX$
　　　　$B → AY$
　は代入によって
　　　　$A → AYX$
　直接的な左再帰になるので，これを上記のような方法で左再帰除去を行います．

例えば

  A → Aa

  A → a

というような書換え規則があったとすると，このままでは一番目の書換え規則はAについて左再帰の規則になっています．

　他方，この二つの規則で生成される文字列は

  a（1個以上の α）

ですから，これを生成する書換え規則は

  A → aA′

  A′ → aA′

  A′ → ε（空白文字）

でも代替可能です．この書換え規則は明らかに左再帰ではありません．

　次に，バックトラック対策ですが，これにはスタックを使います．なお蛇足ですが，スタックはこのほかにもいろいろな場所で活躍しますので，コンピュータの世界において最も有用な仕組みの一つです．バックトラック対策を図 **6.12** に，バックトラックの動作を図 **6.13** に示しました．

```
書換え規則に番号を付けます．
例えば：
S → cAd
    1番目の規則の右側の1番目の書換え
        c その中の1番目   (1,1,1)
        A                (1,1,2)
        d                (1,1,3)
A → a
    2番目の規則の右側の1番目の書換え
        a                (2,1,1)
  → ab
    2番目の規則の右側の2番目の書換え
        a                (2,2,1)
        b                (2,2,2)
```

図 6.12　バックトラック対策

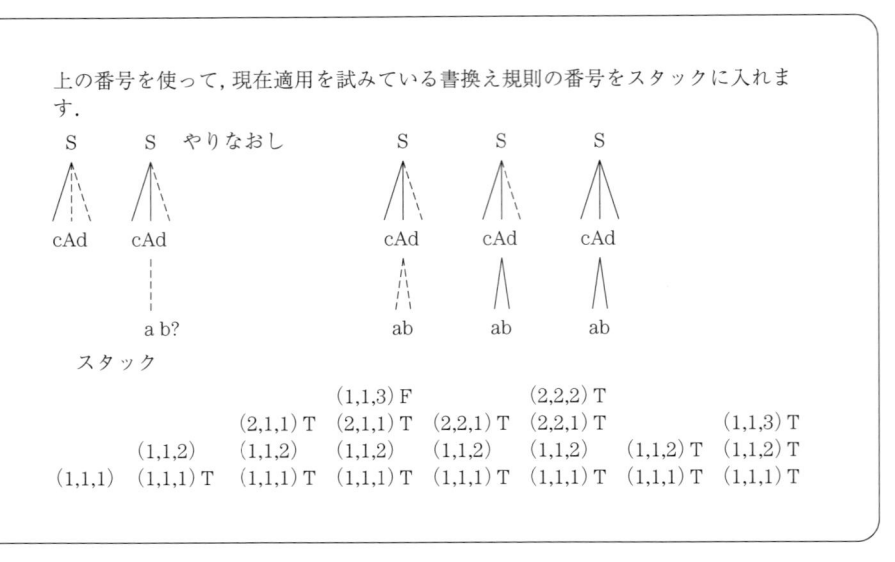

> 上の番号を使って，現在適用を試みている書換え規則の番号をスタックに入れます．
>
> ```
>   S       S    やりなおし    S         S         S
>   ∧       ∧                  ∧         ∧         ∧
>  cAd     cAd                cAd       cAd       cAd
>                              ∧         ∧         ∧
>          a b?               ab        ab        ab
>   スタック
>
>                         (1,1,3) F           (2,2,2) T
>           (2,1,1) T     (2,1,1) T  (2,2,1) T  (2,2,1) T              (1,1,3) T
>   (1,1,2) (1,1,2)       (1,1,2)    (1,1,2)    (1,1,2)    (1,1,2) T   (1,1,2) T
>   (1,1,1) (1,1,1) T     (1,1,1) T  (1,1,1) T  (1,1,1) T  (1,1,1) T   (1,1,1) T
> ```

図 6.13 バックトラックの動作

6.2.3 コード生成

代入文をスタックを使ったバイトコード列に変換するためにポーリッシュ記法を使います．我々が普段使う演算式では演算子はオペランドに挟んで真ん中に書きます．これを **Infix 記法** といいます．しかし，演算子を真ん中に書かなければならないという理由は何もないわけで，例えば演算子をオペランドの後に書く方法を考えてもよいはずです．このような記法を **Postfix 記法**，またはこの記法を最初に提案したポーランドの科学者（ルカシェビッチ）に敬意を表して **ポーリッシュ記法**（Polish notation）といいます．この記法では，例えば

$$A + B \text{ を } AB+$$

と書きます．この記法の最大の特徴は括弧を使わなくてすむことです．

再び例をあげれば

$$(A + B) * C \text{ を } AB + C*$$

と書きます．

演算は式を左から右に調べて，演算子を見たらその前の二つのデータ（オペランド）を使って演算して，その結果で二つのオペランドと演算子を置き換えます．普通の記法とそれを Postfix 記法とで書いた演算式の例を図 6.14 に示しました．

次に，Postfix 記法で書かれた式をスタックを使って計算する方法について図 6.15 で説明します．計算は簡単で，式を左から見ていきます．変数名が出てきたらその値をスタック

普通の記法：a+(b+c)*(d+e*(f+g))
Postfix記法：a b c + d e f g + * + * +

図 6.14　普通の記法と Postfix 記法

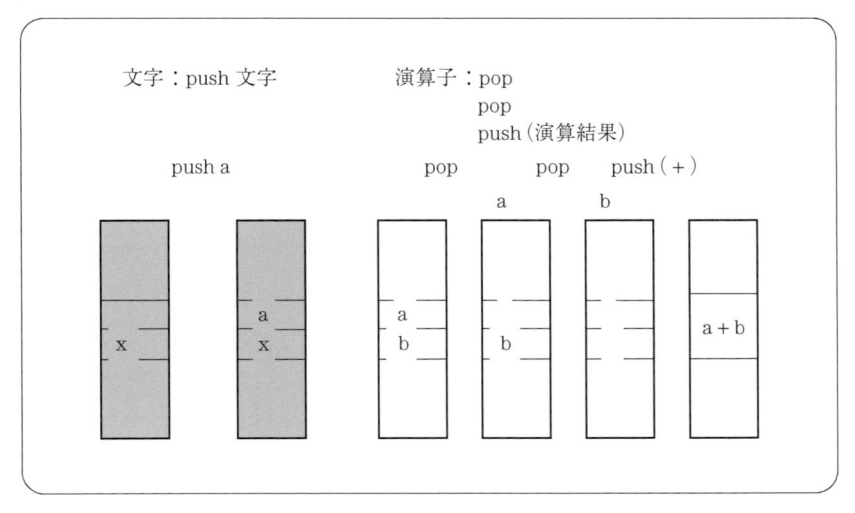

文字：push 文字
演算子：pop
　　　　pop
　　　　push（演算結果）

図 6.15　Postfix 記法による計算

にプッシュ（push）します．演算子が出てきたら，スタックのトップと次のトップの値をポップ（pop）してこの二つの値を使って演算子の演算をして結果をスタックにプッシュします．

これを先に説明したバイトコードで表せば，変数の値のプッシュは push 命令に対応して，演算子にはバイトコードの add（二つの値をポップ，加算して結果をプッシュ）や sub などが対応します．

例を示せば，(a + b)*(c + d) を Postfix 記法で書くと ab + cd + * となります．これを計算するバイトコードは以下のとおりです．

```
push a
push b
add
push c
```

```
push d
add
mult
```

Infix 記法から Postfix 記法への変換の手順を以下に示します．変換は write codefor 関数を再帰的に呼び出して実行することによって行います．

式（expression）には便宜的に一番外側にも括弧があるとします．

変換の手法
　　式を左から右に見ていって
　　　write_codefor（expression）
　　　　if　変数名 then "write 変数名"
　　　　if　数値　 then "write 数値"
　　　　if（〈expression1〉op〈expression2〉）then
　　　　　　"write_codefor（expression1）"
　　　　　　"write_codefor（expression2）"
　　　　　　"write op"

6.2.4　制　御　文

図 6.16 は制御文（if と while）のバイトコードへの変換方法です．for 文は図 6.17 のよ

ソースコード	対応するバイトコード
if (cond)	code for computing ~cond
S1	if-goto L1
else	code for executing S1
S2	goto L2
	label L1
	code for executing S2
	label S2
	...
while (cond)	label L1
S1	code for computing ~cond
	if-goto L2
	code for executing S1
	goto L2
	label L2
	……

図 6.16　if と while のバイトコードへの変換

```
int multiply (int a, int b) {          fuction multiply
int mult;                                  args a. b
mult = 0;                                  vars mult, i
for (int i = b; i ! = 0; i--)              mult = 0
      mult + = a;                          l = b
return mult;                           loop:
}                                          if i = 0 goto end
                                           mult = mult + x
                                           i = i − 1
                                           goto loop
                                       end:
                                       return mult
```

図 6.17　for 文の処理

うに if 文と while 文の組合せに変換してから，それらをバイトコードに変換します．

6.2.5　メモリ割当て

メモリの管理もコンパイラの役割です．以下のようにプログラムが使うメモリ領域には，実行を開始時点で割り当てられて実行中はその割当てを保持する**静的割当て領域**と，実行中に必要に応じてメモリ領域を割り当てたり変換したりする**動的割当て領域**があります．FORTRAN などの言語ではメモリ領域の割当ては静的割当です．これに対して，これまで使ってきたスタック領域などは動的割当てです．

静的割当て
　　FORTRAN の場合や，C の静的変数など
動的割当て
　　スタック：再帰呼出しの制御情報，ローカル変数などが入る．手続きや関数が呼ばれ
　　　ている間だけ存在
　　ヒープ：動的メモリで，寿命に制限のないもの

本章のまとめ

❶ 文　法　　終端記号，非終端記号，書換え規則
❷ 正規文法　　書換え規則，有限オートマトン
❸ 文脈自由文法　　書換え規則，スタック，左再起性，バックトラック
❹ 字句解析　　正規文法
❺ 構文解析　　文脈自由文法
❻ コード生成　　スタック，Postfix記法，制御文

● 理解度の確認 ●

問 6.1　三角関数の sin を求めるプログラムを高級言語で作成して，それを VM コードにコンパイルしてみなさい．

問 6.2　代入文，if 文，for 文から成る簡単な言語を自分で考えて，その文法を書きなさい．

問 6.3　コンパイラを自動生成するツールとして代表的なものに Yacc があります．上で作成した文法を解釈するコンパイラを Yacc を使って作ってみなさい．

7 コンピュータサイエンスの香り

　これまでの章でコンピュータの中身の話をしてきましたが，6章のコンパイラの文法の説明でも分かるように，計算機科学（コンピュータサイエンス，情報科学などいろいろな呼び方があります）では抽象的な（数学的な）考えが基本になっているところが少なくありません．ということで，本章では計算機科学の基本について触れてみたいと思います．

　情報科学や計算機科学というからには，そもそも「情報」とはなにかが定義できなくてはなりません．また，ここまで「計算」ということを扱ってきましたが，そもそも「計算できる」ということはどういうことなのかも定義できなくてはなりません．

7.1 情 報 量

情報の定義をするうえで最も基本的なことは，その「量」が測れなくてはならないということです．コンピュータは情報を扱うのですから，どれだけの「量」の情報を扱えるかを知っておくことは大切です．それでは，「情報量」はどのように測るのでしょうか．
- 電気なら電圧〔V〕など
- 音なら音の大きさ〔dB〕など
- 車の性能なら時速〔km/h〕など
   情報量は，「驚きの大きさ」で測ります．
- どちらが，「驚きの大きさ」が大きいだろうか？
   ○「犬が東京から横浜まで歩いて行った」
   ○「犬が東京から横浜まで飛んで行った」
- しばしば起こり得ることと，めったに起こり得ないこと
   ○情報の対象となる事象が起こる可能性（確率）と，情報の大きさが関係します．

「驚き」は生起する確率が小さい事象が起こった場合の方が，生起確率の大きい事象が起こった場合よりも「大きい」はずです．ということで情報の量はその事象の生起確率によって定義します．情報の量の単位はビット〔bit〕です．bit はコンピュータの場合には 2 進数の 1 桁の単位でしたが，この桁での 0 か 1 の生起確率が 2 分の 1 であるということにも起因して決められました．

情報量は，その事象 P の生起確率を p とするとき $-\log_2 p$ と定義します．

例として 1 と 0 が 1 000 個並んだ列を考えます．

① もし，1 も 0 も同じ確率（1/2）で現れるとすれば，それぞれの情報量は 1 bit であり，1 000 個並んだ文字列の情報量は 1 000 bit です．

② もし，1 は 3/4，0 は 1/4 の確率で現れるとすれば

   1 の情報量 $= -\log_2 [\text{1 の生起確率}] = -\log_2 [3/4] = 0.42\ \text{bit}$

   0 の情報量 $= -\log_2 [\text{0 の生起確率}] = -\log_2 [1/4] = 2\ \text{bit}$

1 000 文字の中に 0 は平均的に 250 個，1 は 750 個出現する．全体の情報量は $0.42 \times 750 + 2 \times 250 = 815\ \text{bit}$ となります．

このように 0 と 1 の生起確率に偏りがあれば，生起確率の小さい事象の情報量が大きくなります．

7.2 計算能力

「計算できる」とはどういうことかを考えてみましょう．計算するには当然時間がかかりますから，まず時間について簡単に調べてみます．計算の「速さ」は単位時間に実行できる命令数で表しますが，この値は技術の進歩とととも年々大きくなってきていて，最近のパソコンでは，例えば 1 s 間に 10 億命令（GIPS (giga instruction per second)）実行できるものもあります．これは，日本の全員が 1 秒間に 10 回計算する能力に匹敵します．これだけ高速のコンピュータがあればなんでも計算できそうですが，本当でしょうか．

もちろん多くの問題はコンピュータを使って適当な時間（例えば数分）で計算できます．しかし問題によっては，計算することは可能なのだけれども時間がかかりすぎて（例えば数億年）現実には計算結果を得ることができないという問題もあります．さらに問題によっては，絶対に計算できないということが証明できるものもあります．

それでは我々が扱う時間とはどれくらいの長さでしょうか．

- 1 時間 ≒ 3 600 s ＝ 4×10^3
- 1 日 ≒ $2 \times 10 \times 4 \times 10^3 = 10^5$
- 1 年 ≒ $4 \times 10^2 \times 10^5 = 4 \times 10^7$
- 宇宙の寿命 ≒ 100 億年 ≒ $10 \times 10^{10} \times 4 \times 10^7 ≒ 10^{19}$ s

ざっとおおまかに計算すると 1 年は約 10 000 000 s です．また，宇宙の寿命がどれくらいかは分かりませんが，ざっとおおまかには

  10 000 000 000 000 000 000 s

です．前にもいいましたように，コンピュータに計算を依頼してから，気の短い人でなくてもその結果が出てくるのを 1 年も待てないでしょう．さらに

  10 000 000 000 000 000 000 s

という時間は我々にとっては永遠ともいえる時間です．

そんなに長い時間が必要な問題が本当にあるのでしょうか．ここでは例として**図 7.1** のような非常に簡単な装置を考えてみます．これは自動車の走行距離計（オドメータ）のような

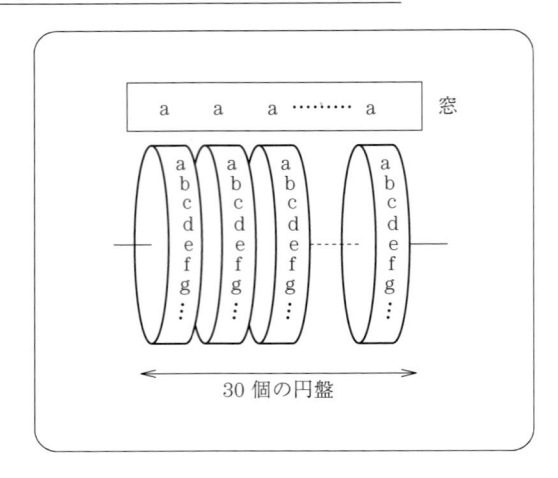

7. コンピュータサイエンスの香り

```
        ┌─────────────────────────┐
        │   ┌─────────────────┐   │
        │   │ a  a  a ……… a   │ 窓
        │   └─────────────────┘   │
        │   ⬭⬭⬭   ⬭              │
        │   abc  abc ………          │
        │   ……                    │
        │   ←─ 30個の円盤 ─→       │
        └─────────────────────────┘
```
図 7.1 オドメータ

装置です．円盤の周囲にはオドメータでは 0 から 9 までの数字が書いてありますが，この装置ではアルファベットの a から z までとスペース記号が書いてあります．このような円盤が 30 個並んでいます．オドメータと同じように窓がついていて，窓からはそれぞれの円盤の窓に下の文字が見えます，最初はすべての円盤は文字 a が見えるように並んでいるとします．この装置はオドメータと同じように一番右の円盤を 1 文字ずつ回転させます．すると窓から見える文字列は

   aaaaaaa………aaaaa
   aaaaaaa………aaaab
   aaaaaaa………aaaac
   aaaaaaa………aaaad

というように変わっていきます．円盤が 1 回転して z が表示されると，次に右から 2 番目の円盤が 1 文字文だけ回転します．

   aaaaaaa………aaaaz
   aaaaaaa………aaaba

このようにある円盤が 1 回転すると，その左の円盤が 1 文字分だけ回転していきます．

円盤を順次回転していくと，窓からはいろいろな文字列（文）が見えるはずです．

---

  aaaaaaaa……aaaaaaaaaaaaaaaaaaaaaaaaaaaaaa
  aaaaaaaa……aaaaaaaaaaaaaaaaaaaaaaaaaaaaab
  aaaaaaaa……aaaaaaaaaaaaaaaaaaaaaaaaaaaaac
   ……
  a long sea flies over a black snow
   ……
  i am a boy you are a girl…………

```
     ……
  to be or not to be that is a question…………
     ……
  zzzzzzzz……zzzzzzzzzzzzzzzzzzzzzzzzzzzzzz
```

仮に，英語の文は長さは30文字以下だと仮定すると，見える文は大部分は意味をなさない文でしょうが，他方歴史始まってから歴史が終わる（いつかは知りませんが）までに書かれるであろうすべての文がこの窓に表れるはずです．

この装置自体は非常に簡単なものですから，ちょっとした機械工作の知識があれば誰でも作れるはずですし，また装置を作らなくても同じような振舞いをするプログラムは30個の繰返しループを組み合わせた簡単なものですから，誰でも作って計算を実行することができます．

そのようなプログラムを作ってコンピュータで実行を開始しました．さて，このプログラムの実行にどれくらいの時間が必要でしょうか．以下に示すように，このプログラムは宇宙が死滅してもまだ実行を続けています（もっとも，そのずーっと前にコンピュータが故障してしまうでしょうけれど）．

- 1行の表示に 10^{-6}s（$1\,\mu$s）とします．
- 全部で，おおよそ（アルファベット26文字とスペース記号で27．これを30に切り上げて）

$$30 \times 30 \times \cdots\cdots \times 30 \text{ （30回）} \times 10^{-6}\text{s}$$
$$= 3^{30} \times 10^{30} \times 10^{-6}\text{s}$$
$$\fallingdotseq 10^{10} \times 10^{30} \times 10^{-6}\text{s}$$
$$\fallingdotseq 10^{34}\text{s} > 10^{19}\text{s}\text{ （宇宙の寿命）}$$

同じような例は，図2.22に示したような画面表示のプログラムについてもいえるはずです．2章で説明したように，コンピュータのディスプレイの表示は画素から構成されています．簡単にするために，画素は白か黒を表示する（白黒画面）ものとします．画素の白黒のすべての組合せを表示したとすると，それは地球が生まれてから死滅するまでに表れるであろうすべての光景（もし地獄や天国があるなら，その風景も）を表示するはずです．

それではすべての画面を表示するプログラムはどうなるでしょうか．仮に画面が $1\,000 \times 1\,000 = 100$ 万画素から構成されているとすれば，すべての画素の白黒の組合せを表示するプログラムは再び簡単なループの組合せです．このプログラムを実行するために必要な時間は，次のようにまた宇宙が生まれてから死滅するまでの時間を大きく超えてしまいます．

- 1画面　　1 000 × 1 000 = 1 000 000
- 画素ごとに黒か白（2値）
- すべての画面の数　　$2^{1\,000\,000} = 10^{300\,000}$
- 1画面を作るのに，10^{-6} s かかるとして
  全画面　　$10^{299\,994}$ s $> 10^{19}$ s（宇宙の寿命）

このように問題の中には一見簡単で有限の時間内に計算可能に見えても，実際に必要になる時間があまりに大きいので，現実的には計算不可能としかいえないものが多数あります．

別の例として名刺の並替えを考えてみましょう．名刺が沢山貯まると，これらを「あいうえお順」に整理することが必要になります．この並替えに必要な手間はどれくらいでしょうか．

名刺の山からまず1枚を取り出して机の上におきます．次に1枚を取り出して，「あいうえお順」に先の名刺の前にくるのか後にくるのかを調べて机の上に並べます．このようにして s 枚が机の上にあいうえお順に並んでいるところに，新しい名刺を挟みこむには s 枚の名刺列を最初から調べていって「あいうえお順」で入るべき場所を探さなくてはなりません．これを繰り返して全部の名刺を並べるには，1枚目は1枚の手間，2枚目は2枚の名刺から探す手間，$s+1$ 枚目は s 枚の名刺列から探す手間，となりますから，全体では n 枚の名刺ですから n の2乗に比例する手間が必要になります．非常に付き合いの良い人がいて名刺を100万枚持っていたとしますと，名刺の整理には約10日が必要です．これは宇宙の寿命に比べれば極めて短い時間ですが，気の短い人にとっては待ちきれない時間でしょう（図 7.2）．

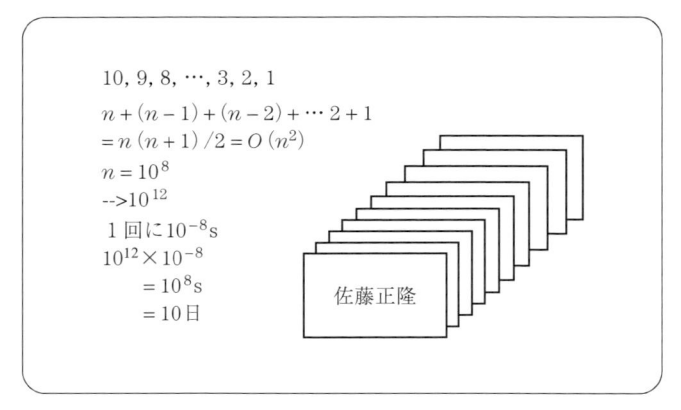

$10, 9, 8, \cdots, 3, 2, 1$
$n + (n-1) + (n-2) + \cdots 2 + 1$
$= n(n+1)/2 = O(n^2)$
$n = 10^8$
$\rightarrow 10^{12}$
1回に 10^{-8} s
$10^{12} \times 10^{-8}$
$= 10^8$ s
$= 10$ 日

佐藤正隆

図 7.2　名刺の整理（50音順に並べる）

問題を解く（計算する）ために必要な時間を表すのに，**オーダー**（order）という概念を使います．問題にはまず「大きさ」があります．例えば名刺の並替えの問題では「大きさ」

7.2 計 算 能 力

は名刺の枚数 s です．問題を解くために必要な時間は，一般的にはこの「大きさ」の関数で表されます．

- 問題の大きさ— n
  - 数の足し算　　n：足す数の個数
  - 名刺の並替え　n：名刺の枚数
- 問題を解くのに要する時間　T
  - 一般に　$T = f(n)$

この関数の一番大きな項をオーダーといいます．オーダーは「大きさ」の関数で O で表します．O の例は以下のとおりです．

数の足し算に必要な時間は，c を有限な定数として
　　　$cn ---> O(n)$
名刺の並替え
　　　$cn + c(n-1) + c(n-2) + \cdots + 2 + 1 --> kn^2 --> O(n^2)$
- n によっては，非常に大きな値になります．

しかし，問題によっては $O(n^c)$ よりも時間のかかるものもあります．

別の例は暗号です．入力文 p をキー k を使って
　　$e = f(p, k)$　　k：例えば 16 桁の数
に変換します．暗号は正しいキー（鍵）が与えられないと解読できません．それでは悪意を持った人が暗号を破ろうということで，すべてのキーの組合せを試したとします．キーは数字でキーの長さが 16 文字とすれば，すべての組合せを試すのに例えば 1 000 年かかります．
- 暗号を破るには，k のすべての可能性を試してみればよいでしょう．
- $k = 10^{16}$ 数の場合，単純にすべてを試せば $O(10^{16})$ の時間がかかります．
- 1 回試すのに，10^{-6} 秒かかるとして，全体では $10^{16} \times 10^{-6} = 10^{10}$s ＝ 1 000 年かかります．

ただ，最近のコンピュータの速度向上は目覚ましいことと，更に多数のコンピュータを組み合わせて高速に計算する技術が進んだことで，この 1 000 年が数年単位に短縮できるようになってしまいました．

このオーダーが非常に大きい値になる超大規模問題があります．その例が積込み問題です．積込み問題を計算する時間のオーダーは以下のようになります．
- 重さが異なる n 個の荷物を，最大積載量 W のトラック T 台で運べるか否か判断しま

す．
- すべての積み方を試します．
    - それぞれの荷物ごとに T の可能性があるから $O(T^n)$ とします．

荷物が100個でトラックが10台とすると，積み方を決めるには10の100乗に比例する時間が必要になります．仮に一つの積み方を試すのに10の-6乗秒〔1 μs〕でできるとしても，まだ10の94乗秒の時間が必要です．

同じような問題はトラベリングセールスマンです．
- n 都市を最小の時間で回る経路を見つけます．
- すべての可能性を試すしかありません．
- 最初に n 都市のどれかを選び，2番目には $(n-1)$ 都市，次は $(n-2)$, …, 2, 1 というように選びます．
- $n(n-1)(n-2)\cdots2\cdot1 = n! > 2^n$

この問題もすべての可能性を確かめると上記のように 2^n 以上の時間が必要になります．

これらの問題は，すべての可能性を確かめる方法しか解法がありませんが，可能性を試すプログラムを作るのは難しくありません．ただ，そのプログラムを実行するにはほぼ永久に等しい時間が必要になりので，現実には解法がないということになります．

与えられた問題を解くための仕事の手順を**アルゴリズム**（algorithm）といいます．コンピュータサイエンスの重要な目標の一つが，問題解決のためできるだけ効率的なアルゴリズムの考案にあります．なお，「問題を解く」ということの定義はあとで説明しますが，ここでは「計算できる」というくらいの意味としておきます．問題にはもちろんいろいろな種類の問題がありますが，有限の時間で解ける問題について，できるだけ短い時間で計算できるにこしたことはありません．

また，これまで見てきたような一見実行可能に見えてその実ほぼ無限に近い計算時間が必要な問題についても，手をこまねいているわけにはいきません．正確な解ではなくても近似解でよいですから短い時間で問題が解ければよい場合が多くあります．

一例として，辞書の検索を考えてみましょう．例えば英和辞書で ultra という単語の意味を調べるとします．どのページを開けばよいでしょうか．もちろんできるだけ少ないページを開くことによって目的の単語に行きつくのが望ましいことはいうまでもありません．そのために，辞書にはインデックスがついています．ページの切り込みがありますから，u で始まる単語を調べるにはどのページを開けばいいかが一目で分かるようになっています．

でも，もし辞書にインデックスがついていなければどうしたらよいでしょうか．最初から1ページずつ調べますか．これは最悪の方法で，このようなことをする人はいないはずです．だからといって，でたらめにページを開いてそのページに目的とする単語があるかどう

かを調べるといった，行き当たりばったりの方法も非効率です．

我々が無意識のうちに採用しているのは**二分探索**（binary search）という方法です（図7.3）．この方法ではまず辞書の真ん中（に近い）ページを開きます．もちろんそのページに目的とする単語，ultra があれば検索は終了です．

そのページに ultra がない場合，そのページがどのアルファベットのページかを調べます．もし，u より前のアルファベットのページならば，ultra はそのページから後半部分にあるはずですし，逆に u よりもあとのページなら前半部分にあるはずです．

仮にそのページが x だったとします．ultra は前半部分にありますから，u があるのは前半部分の真ん中のページを調べます．

このように真ん中，真ん中という手順で調べていけば最悪の場合でも $\log_2 n$（ただし n は辞書の総ページ数）のステップで目的とする単語があるページに行きつくはずです．他方，もし最初から1ページずつめくって単語を探したとすると平均的には $n/2$ ページをめくる必要があります．

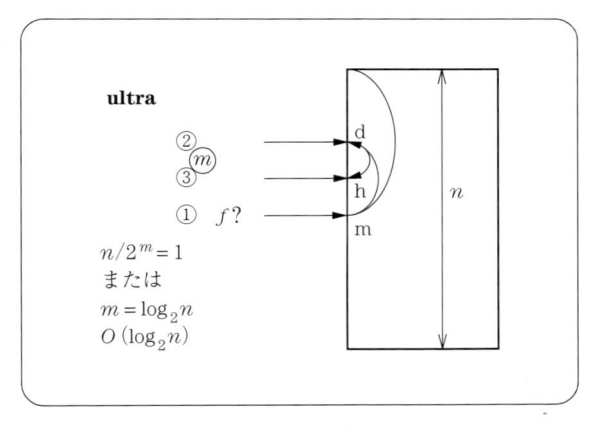

図7.3 二分探索

このように真ん中，真ん中と探す方法が二分探索であり，最初から1ページずつ探す方法を**線形探索**（linear search）といいます．両者のステップ数を異なった n について比べたのが表7.1です．明らかに二分探索の方が効率がよいのが分かります．

表7.1 二つの手間の比較

n	線形探索 $n/2$	二分探索 $O(\log_2 n)$
128	64	7
1 024	512	10
16 384	8 192	14

以上をまとめると以下のようになります．

- 「簡単に」解くことができる問題
- 「工夫すれば」解くことができる問題
- 原理的には解くことができるが，実際には不可能な問題
- 「原理的に」解くことが不可能な問題

7.3 計算可能性

　ここまで扱ってきたのは，計算できることはできけれども余りに時間がかかりすぎて現実的ではないという問題でした．次に考えてみたいのは，「計算できない」ということが証明できる問題です．このような問題は，どんなに頑張っても絶対に解けませんから試みるだけ無駄ということになります．では，「計算できる」「計算できない」ということは数学的にはどのようにして証明できるのでしょうか．

　「計算できない」ということを証明するためには，当然「計算できる」とはどういうことかという定義をすることが必要です．そのために提案されたのが**チューリングマシン** (Turing machine) です．チューリングマシンは Alan Turing という数学者がコンピュータがまだ生まれるずっと以前（1937 年）に提案したものです．チューリングマシンはアルゴリズムを「きちんと書く」手段であり，基本的なコンピュータです．

　チューリングマシンは非常に単純化されたコンピュータということもできます．**図 7.4** のように無限の長さのテープと状態を持つ状態機械から構成されています．テープはセルという単位に分かれていて，このセルに 1 文字を書くことができます．状態機械はヘッドを持っていて，このヘッドの下にあるセルに書かれている文字を読んだり，またはそのセルに文字を書いたりできます．状態機械はヘッドから読んだ文字と自分自身の現在の状態から，セルに書き込む文字を指定すると同時にテープを右または左に 1 セル分移動させます．そして，次の状態に移ります．状態機械の動作は機械が持つ状態遷移表によって定義されます．あらかじめ適当な文字列を書いたテープの適当なセルをヘッドの下において状態機械の動作を開始すると，状態機械は有限のステップの実行の後に動作を停止する場合もありますし，また

7.3 計算可能性　95

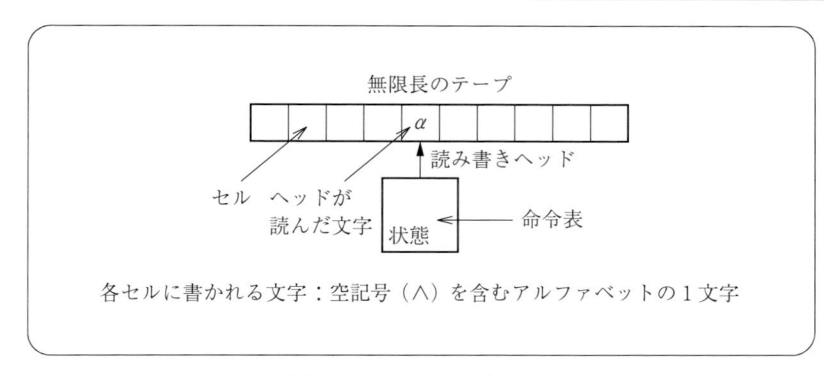

図7.4　チューリングマシン

は永久に動作し続ける場合もあります．前者の場合に「チューリングマシンは入力テープを受理した」といいます．

問題が解決できる（計算できる）ということは，その問題を実行するチューリングマシンが構築できて入力テープを受理することと定義します．

状態機械は基本的にはすでに説明した有限オートマトンです．入力がヘッドの下のテープのセルから読み込まれるのと，状態遷移と合わせてテープへの書込みおよびテープの移動が指示される点が違いといえます．状態遷移表に書かれている遷移をコンピュータにならって命令ということにします．

ヘッドはその下のセルに書かれている文字を読んで，その文字と，現在のチューリングマシンの状態によって定められる命令を実行します．命令は次のような形式です．

```
（ヘッドがセルに書く文字，次のヘッドの位置，次の状態）
    ヘッドがセルに書く文字　：アルファベットの中の1文字
    次のヘッドの位置　　　　：いま，読んでいるセルの右（R），左（L），
                              または同じ（S）
    状　態　　　　　　　　　：チューリングマシンは，いくつかの状態
                              の内の一つの状態にあります
```

状態遷移表では，現在の状態と入力から次の状態が決まりましたが，命令表では現在の状態と入力から実行すべき命令，すなわち（ヘッドがセルに書く文字，次のヘッドの位置，次の状態）が決まります（**表7.2**）．

また，チューリングマシンには「**停止状態**」（！と書く）と呼ばれる特別の状態が必ず定義されます．チューリングマシンの停止問題とは，入力テープ（一般的には，何か文字がい

表7.2 命令表

注：β が α と同じ場合，P が S の場合，q_j が q_i と同じ場合には書くのを省略する

入力記号＼状態		q_i	
α		(β, P, q_j)	

くつかのセルに書かれているテープ）が与えられたときに，それに対して有限ステップの処理の後に停止する（停止状態になる）か否かを判定する問題のことです．「計算できるか」ということは「チューリングマシンの命令表が定義できて，計算が停止するか」ということです．

次に，チューリングマシンの例を紹介します．**図7.5**はテープに書かれた数字 n を $n+1$ に変換する**カウントアップマシン**です．このマシンは簡単で，初期状態でヘッドは s にあり，状態は q_1 です．ヘッドは最下位桁の数字の下に行くまで左に移動して，最下位桁の数字に出会ったらその値を 1 大きい数字（+1）で置き換えます．

n を $n+1$ に変換するカウントアップマシン

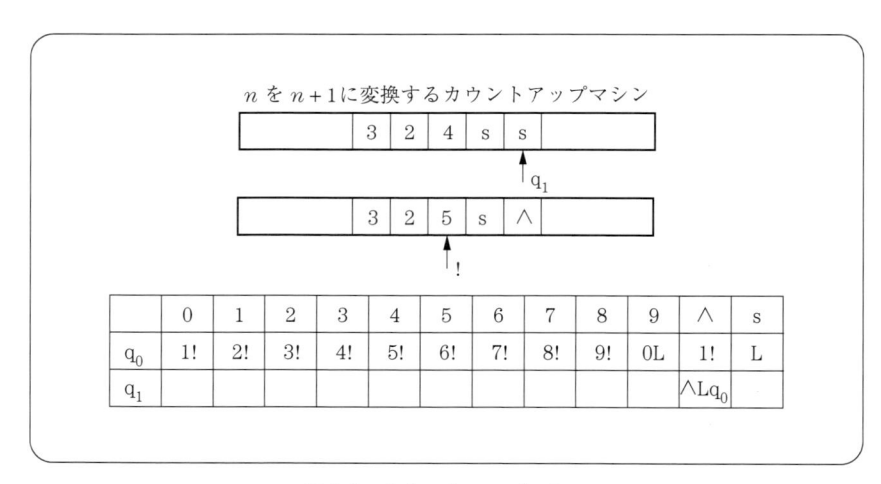

	0	1	2	3	4	5	6	7	8	9	∧	s
q_0	1!	2!	3!	4!	5!	6!	7!	8!	9!	0L	1!	L
q_1										∧Lq_0		

図7.5 カウントアップマシン

以上のように命令表を置き換えることによっていろいろなチューリングマシンを作ることができます．しかし，いちいち新しいチューリングマシンをつくるのは面倒なのでこれを簡単にするために考え出されたのが**万能チューリングマシン**です（図7.6）．このマシンでは命令表をテープで与えて，状態機械はこのテープを見ながら動作します．命令表のテープを

7.3 計算可能性

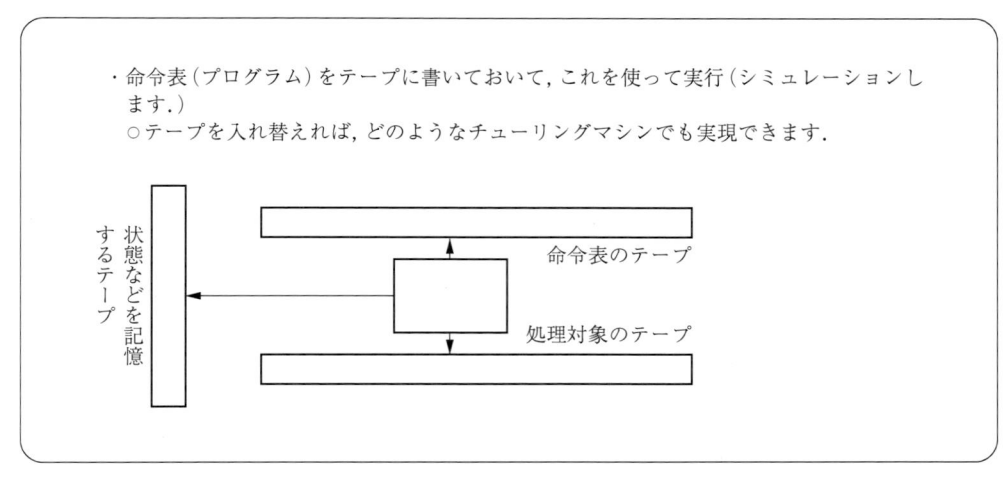

- 命令表（プログラム）をテープに書いておいて，これを使って実行（シミュレーションします．）
  - テープを入れ替えれば，どのようなチューリングマシンでも実現できます．

（状態などを記憶するテープ／命令表のテープ／処理対象のテープ）

図7.6　万能チューリングマシン

入れ替えることによって，いろいろなチューリングマシンを実現できます．これは現在のコンピュータと同じ考え方ですが，このような考え方がコンピュータがまだ見もされていない時代にすでに提案されていたということは驚きです．

さて以上のように「計算できる」ということを定義したうえで，それでは「計算できない問題」があるか？ということについて説明します．これは

- 万能チューリングマシンに，あるプログラム（命令表）と，その入力テープを与えたときに，「マシンは停止するか，停止しないか」を，判定できるようなアルゴリズムは存在するか？

- 次のようなプログラム D を作れるか？
  プログラム P を入力して
  - もしプログラム P が自分自身（P）を入力して yes と出力するなら，yes を出力する．
  - さもなければ，no と出力する．
- D が作れるとした場合，D の逆のプログラム C を作成する．
  C は，プログラム P を入力して
  - もしプログラム P が自分自身（P）を入力して yes を出力しないなら，yes を出力する．
  - yes を出力するなら，no を出力する．
- C に C を入力したらどうなるか？　次のような矛盾が生じる．
  - yes を出力したら，「C は yes を出力しない」．
  - no を出力したら，「C は yes を出力する」．
- よってそのようなプログラムは存在しない．

図7.7　停止問題

という「**停止問題**」として定義されます．この問いに対する答えは「no」です．そのようなアルゴリズムは存在しません．すなわち，「計算できない」問題が存在するのです．

その例が図 7.7 のようなプログラムです．計算できない問題を具体化した例としては，「プログラム中にバグが存在するかどうかの検証」という問題があります．残念ながらバグのないプログラムを作ることは非常に困難です．いろいろと試験を繰り返してバグのないプログラムにします．もし，プログラムのバグの有無ををコンピュータが自動的にチェックしてくれることができれば，プログラム開発の効率は飛躍的に向上します．しかし，残念ながらそのようなことをするのは不可能だということが，この議論の延長から証明されます．

本章のまとめ

❶ 情報量　　bit
❷ 計算量　　オーダー
❸ 計算可能性　　チューリングマシン

● 理解度の確認 ●

問 7.1　計算量の理論において問題の計算時間を表すのに，P とか NP とかいう用語が使われます．これらの用語の意味を調べなさい．

問 7.2　「計算できないことが証明されている問題」の例について調べなさい．

8 オペレーティングシステムの中核

コンピュータには基本的なサービスを担当するオペレーティングシステム（operating system：OS）が用意されています．代表的なオペレーティングシステムには，マイクロソフトのWindowsやオープンソフトウェアのLinuxなどがあります．

8.1 オペレーティングシステムの基本構造

オペレーティングシステムのおもな役割は以下のとおりです．

- ハードウェアの抽象化（メモリ管理など）　機械語命令やハードウェア構成の差違などを吸収し，アプリケーションプログラムの開発を容易にします．
- 資源の管理　複数のアプリケーションプログラムが並行して実行される場合に，互いに干渉しないように独立して動作可能にします．
- コンピュータの利用効率の向上（プロセス管理など）　複数のプロセスを同時に実行する場合に，資源割当ての順番や時間を工夫して全体の性能を向上させます．
- マンマシンインタフェースの向上（ファイル管理など）　PC に代表される「使いやすい」環境を実現します．

オペレーティングシステムの中を見ると図 8.1 のように大きく二つの部分から構成されています．ハードウェアを直接扱う**カーネル**（kernel）部分と，より人間に近い処理を行う**ミドルウェア**（middleware）部分です．

ミドルウェア	コマンドインタープリタ, ネットワーク, ファイル管理, ウィンドシステム
カーネル	プロセス管理, メモリ管理, 入出力処理, 割込み処理

図 8.1　オペレーティングシステムの階層

オペレーティングシステムもプログラムです．もっと端的にいえばプロシージャの集合です．では，オペレーティングシステムの機能を使うにはどうすればよいのでしょうか．オペレーティングシステムのプロシージャは一般には利用者のプログラムから呼び出して使います．また，先に説明した割込みを検出するとその処理のために呼び出されるのもオペレーティングシステムです．さらに，我々がコンピュータを使うときにマウスをクリックしたと

き，それに応じた動作をしてくれるのもオペレーティングシステムです．

いずれの場合も最終的にはオペレーティングシステムのプロシージャを呼び出す（プロシージャに分岐する）ことになります．この分岐には基本的には先に説明した分岐命令が使えるはずですが，実はそれでは困ったことが生じます．困ったこととは次の二つの問題です．

① 分岐先のオペレーティングシステムプロシージャのアドレスをどうやって知るか？
例えば jr 命令を使うとして，レジスタに入れるべき分岐先アドレスをどうやって知ることができるか？
- あらかじめ約束しておいて，マニュアルなどに書いておきます．
  問題：オペレーティングシステムのバージョンアップなどで，アドレスが変わったらどうするか？

② オペレーティングシステムの保護が難しい．
- 以下に説明します．

コンピュータの命令には一般命令と特権命令の2種類があります．4章で説明した命令はすべてどのプログラムにも使える**一般命令**です．

一方，コンピュータには4章では説明しきれなかった特別の命令群があります．それが**特権命令**です．特権命令は入出力命令など，利用者が勝手に使うと他のプログラムにまで影響を与えてしまうような命令です．特権命令を使えるのはオペレーティングシステム（OS）だけです．ということで，特権命令の使用制限をするために特権モードと非特権モードという二つのモードが用意されています．コンピュータは常にいずれかのモードにあり，それぞれのモードで使用可能な命令は次のとおりです（**図 8.2**）．

- 特権モード　　特権命令を使用可（オペレーティングシステム）
- 非特権モード　特権命令を使用不可（一般プログラム実行）

モードの実現にはハードウェアとしては1ビットのフリップフロップ（モードビット）があれば十分で，命令実行のたびにハードウェアがこのフリップフロップを見てその命令を実行していいかどうか確認します．

それでは特権モードへの切替えの仕組みをどのように実現すればよいでしょうか．そのために用意されているのが **SWI 命令**（ソフトウェア割込み命令）などと呼ばれる特別の命令（当然，非特権命令です）です（**図 8.3**）．この命令はこの次に説明するようにオペレーティングシステムのプロシージャに分岐すると同時にモードビットを特権モードにセットする機能を持っています．これだけですと一般の利用者が勝手にこの命令を使って特権命令を使うようになっては困りますので，この命令で呼び出されるオペレーティングシステムのプロシージャの最初の部分でセキュリティ上の問題がないか厳密にチェックする処理を用意するようになっています．

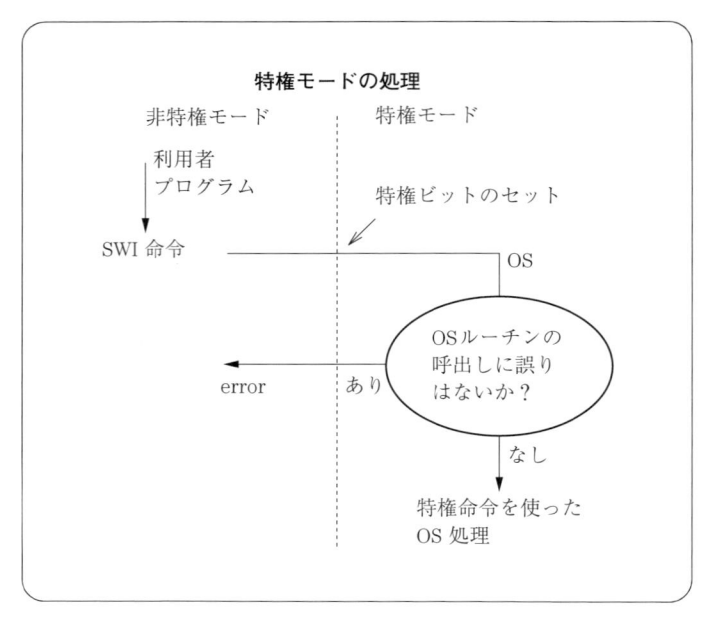

8. オペレーティングシステムの中核

図8.2 OS の入り口

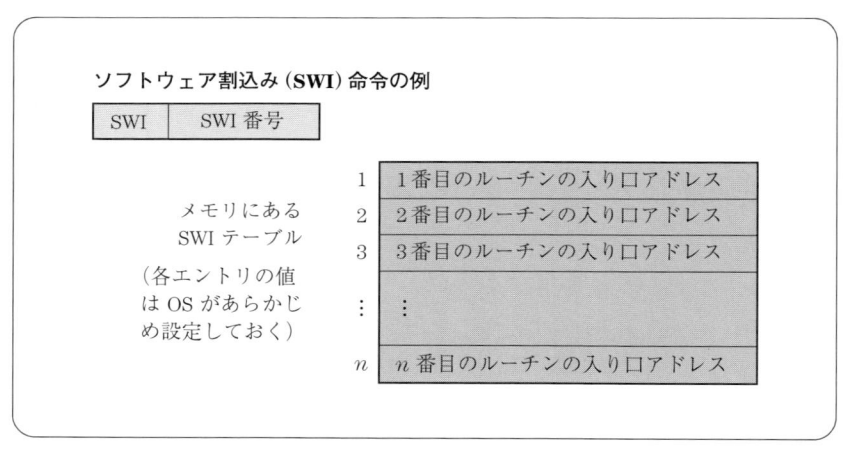

図8.3 OS の呼出し命令

残る問題（すなわち1番目の問題）の解決には，SWI テーブルを使います．

これはメモリ上に用意されるテーブルで，このテーブルにはそれぞれのプロシージャの入り口アドレスが入っています．1番目のエントリには1番目のルーチンの入り口アドレス，n番目のエントリにはn番目のルーチンの入り口アドレス，といった具合になっています．利用者は SWI 命令を使い，オペレーティングシステムのプロシージャを番号で呼び出します．ハードウェアはこのテーブルの指定されたエントリを見て，その中身をアドレスに指定して分岐します．このテーブルの中身はあらかじめオペレーティングシステムが起動時の初

8.1 オペレーティングシステムの基本構造

期設定処理の一環として適当な内容を格納します．

次に，オペレーティングシステムに限らず，プログラムが実行されるまでの手順について説明します．コンパイラなどによって機械語プログラムが作成されると，**リンク**（link）という手順を踏んで，そのあとでプログラムがメモリに読み込まれます（**ロード処理**：load）．そして実行を開始する準備が終了です．これらの処理がどのようなものかについて，まずロードから説明しましょう．

プログラムの中で使われる lw 命令や sw 命令，分岐命令などにはメモリのアドレスが書かれています．このアドレスはそのプログラムの先頭アドレスを 0 番地として数えたアドレスが使われます．これを**相対アドレス**といいます（図 8.4）．これに対してメモリのアドレスを**絶対アドレス**ということもあります．

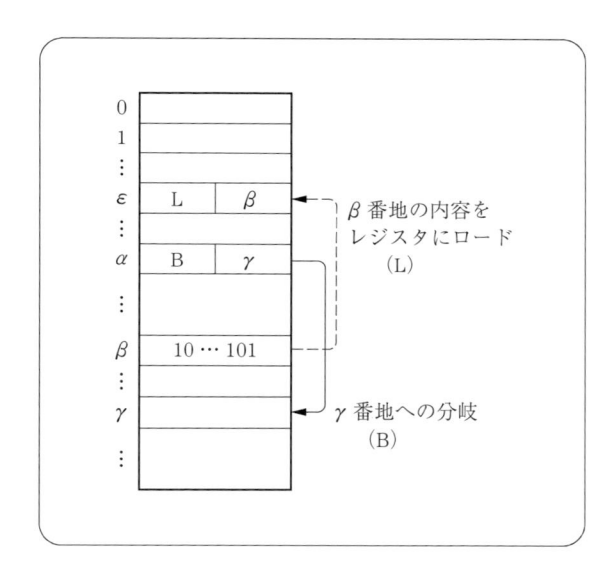

図 8.4 相対アドレス

このプログラムがメモリに入るときは必ずしも 0 番地から格納されるとは限りません．一般には，複数のプログラムが同時にメモリにあるので，このプログラムはメモリの m 番地から入ることになります．そうしますと例えば β 番地は $m+\beta$ 番地に変わりますから，L命令のアドレス部も β から $m+\beta$ に変更する必要がでてきます．このような処理を**リロケーション**（relocation）**処理**といいます．リロケーション処理を行うには，プログラム中のどこにリロケーションしなければならない値があるかを知らなければなりません．このためにプログラムには**リロケーション辞書**（relocation dictionary：RLD）という表が添付されていて，この表の中にリロケーション対象のアドレス（図 8.5 の例では ε 番地と α 番地）が入っています．

リロケーション処理自体は簡単で，リロケーション対象の値にこのプログラムのメモリ中

8. オペレーティングシステムの中核

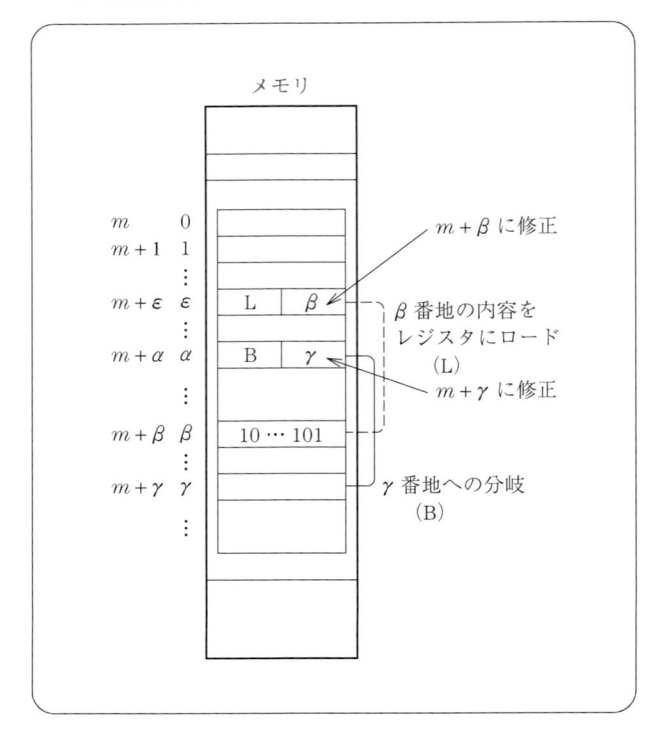

図 8.5 リロケーション処理

の先頭番地の値（m）を加えるだけです．

次に，リンク処理について**図 8.6** で説明します．

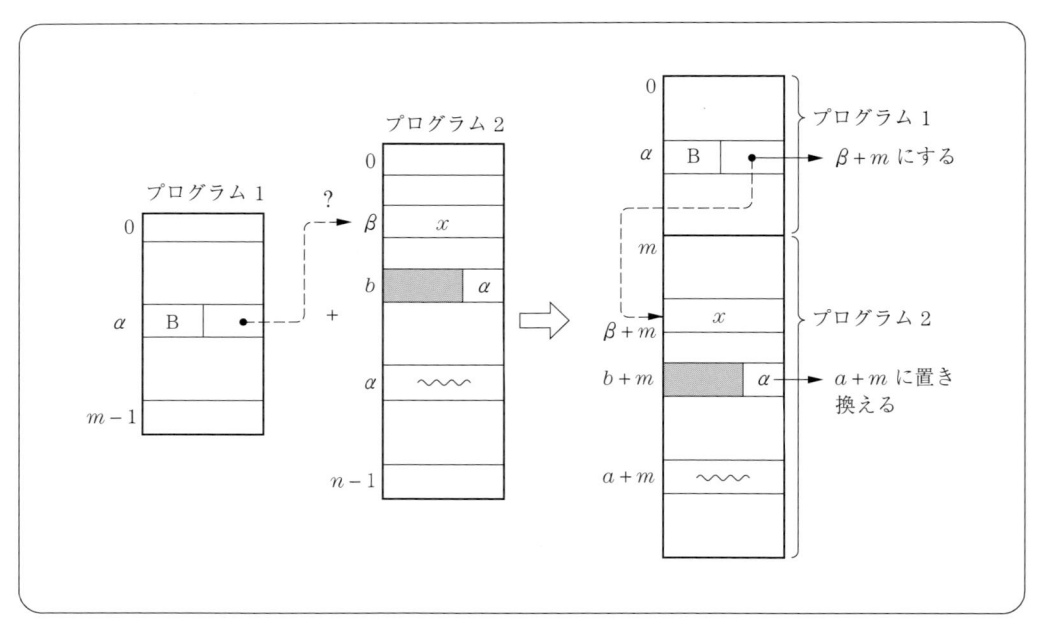

図 8.6 リンク処理

8.1 オペレーティングシステムの基本構造

簡単なプログラムは別として，プログラムは普通多くの人が協力して開発します．それぞれの人が個別に作ったプログラムを最後に一つにまとめます．このための処理が**リンク**です．この図ではプログラム1とプログラム2がそれぞれ独立に作られました．プログラム1もプログラム2もどちらもアドレスは0番地から始まります．さて，プログラム1がプログラム2を呼び出すとします．お互いに独立にプログラムを作っている時点ではプログラム1の開発者はプログラム2の入り口のアドレスは知りません．この問題を解決するために，呼び出す側のプログラムと呼び出される側のプログラムにはそれぞれ外部参照表（extern）と外部定義表が用意されます．**外部参照表**には，そのプログラムの中では定義されておらず外部のプログラムのアドレスを参照する名前が書かれます．また，**外部定義表**には，そのプログラムで定義されていて外部から参照されるために用意された入り口または変数の名前とアドレスが書かれます．リンク処理はこれら二つの表を突き合わせて必要なアドレスの解決を行います．

プログラムはメモリにロードされて実行を開始します．プログラムは一般にはプロシージャ（関数）の集合です．プロシージャを呼び出して実行するために，オペレーティングシステムは**コールスタック**（call stack）という仕組みを提供します．仮想マシンのところで説明したように，プロシージャを呼び出すときに戻りアドレスと引き数をコールスタックに入れます．機械語命令プログラムの実行のためのコールスタックにはこれらに加えてもう一つの役目があります．それがレジスタの退避域の提供です（図8.7）．

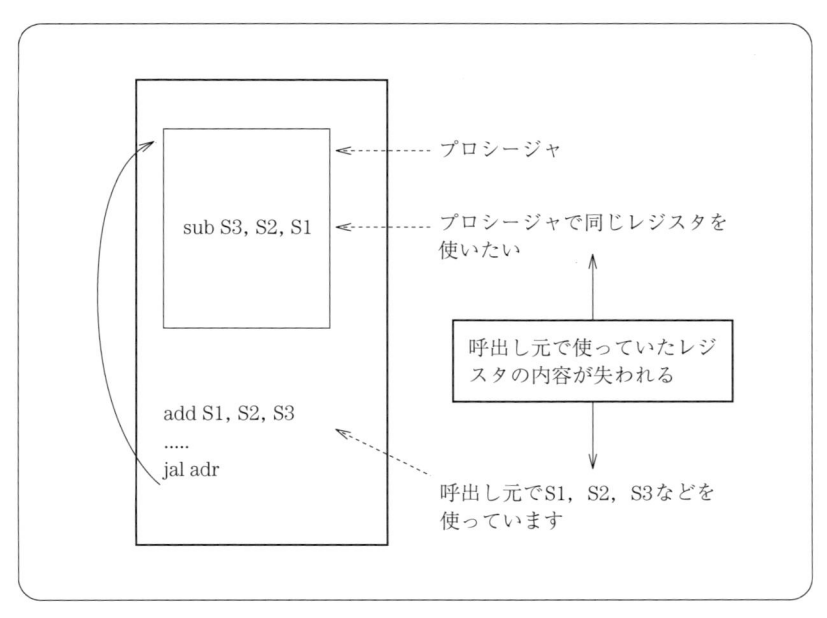

図8.7 レジスタ退避の必要性

8. オペレーティングシステムの中核

仮想マシンではレジスタがありませんでしたが，機械語ではレジスタを使います．図 8.8 のようにプロシージャを呼出し側とプロシージャとがもし同じレジスタを使ったとすると，プロシージャの実行が終わって呼出し元に制御が返ってきたときにレジスタの中身が失われてしまうことになります．

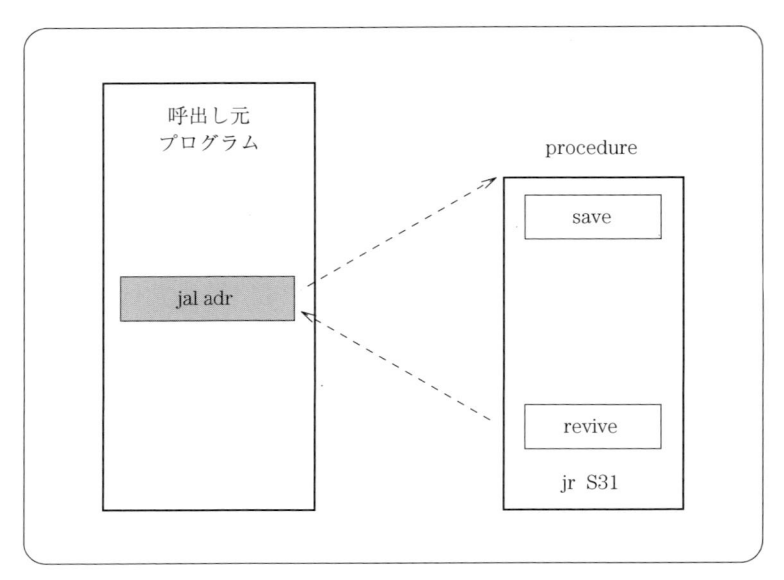

図 8.8 レジスタの待避と回復の処理

この問題を解決するために，プロシージャを呼び出したときにレジスタの中身を一時的に**退避**（save）して，プロシージャ実行終了時点でそれらを元のレジスタに戻す**回復**（revive）の処理を行います．退避する先はもちろんメモリです．sw 命令と lw 命令を使えば退避と回復ができます．図 8.8 のように退避と回復はプロシージャの先頭と最後で行うというのが約束です．プロシージャを書く人はこの約束に従わなくてはなりません．

レジスタを退避する先はもちろんメモリですが，それではメモリのどこに退避するのでしょうか．このレジスタ退避域に使うのが**コールスタック**（call stack）です．

例としてプロシージャ A から B を，そして C を呼ぶ場合を考えてみましょう（図 8.9, 8.10, 8.11）．

ということでコールスタックの役目をもう一度確認しましょう．コールスタックはプロセスに対応して用意されます．

- プロシージャの引き数（argument）
- レジスタ退避域
- 戻りアドレス

8.1 オペレーティングシステムの基本構造

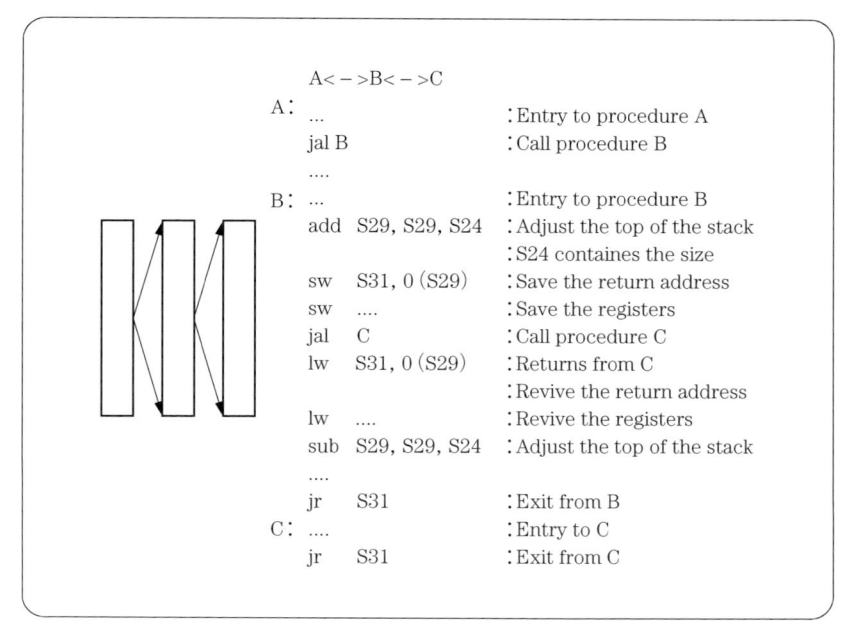

```
                A<->B<->C
        A:  ...                     :Entry to procedure A
            jal  B                  :Call procedure B
            ....
        B:  ...                     :Entry to procedure B
            add  S29, S29, S24      :Adjust the top of the stack
                                    :S24 containes the size
            sw   S31, 0(S29)        :Save the return address
            sw   ....               :Save the registers
            jal  C                  :Call procedure C
            lw   S31, 0(S29)        :Returns from C
                                    :Revive the return address
            lw   ....               :Revive the registers
            sub  S29, S29, S24      :Adjust the top of the stack
            ....
            jr   S31                :Exit from B
        C:  ....                    :Entry to C
            jr   S31                :Exit from C
```

図 8.9　プロシージャ呼出し

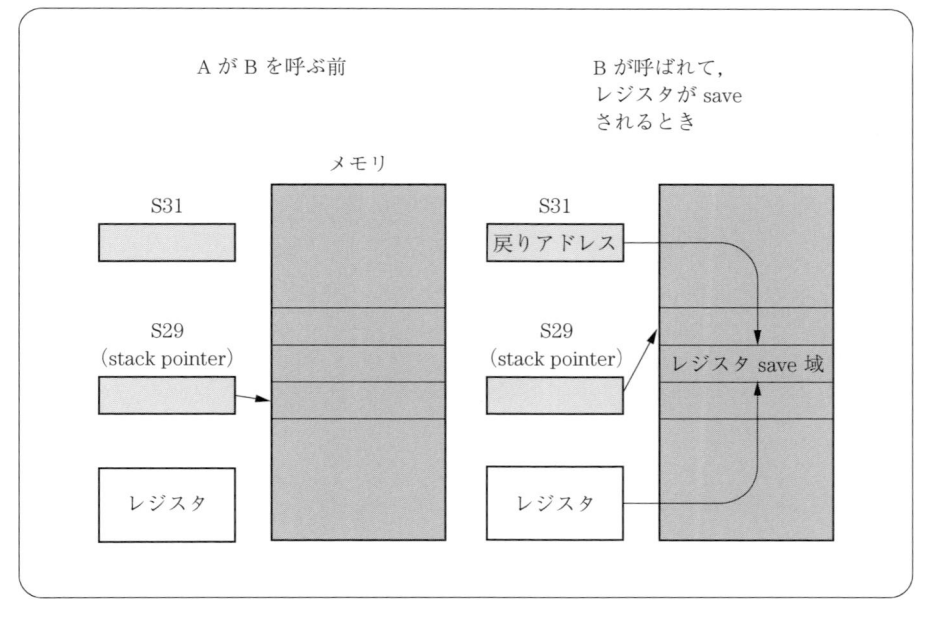

図 8.10　コールスタック（1）

・一時作業域 (work area)

プログラムはディス上にファイルとして記憶されていますが，その中にはプログラム本体（機械語命令）に加えてリンク処理やロード処理に使う各種の表なども付随しています．

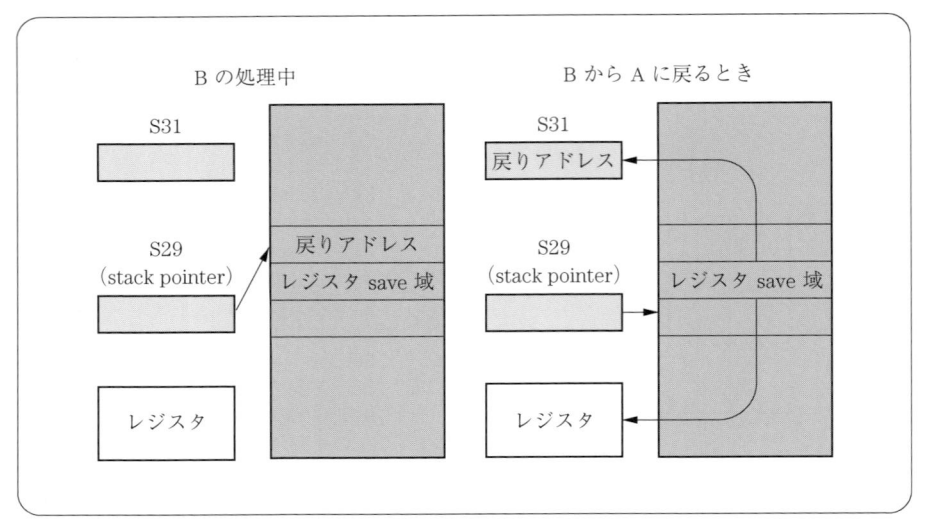

図 8.11　コールスタック（2）

- 基本的には
    - 命令部（コード・テキスト）
    - データ部（初期データ）
    - RLD, EXTERN など，ローダやリンカが使う情報のテーブル（シンボルテーブル）

プログラムがメモリにロードされると，その実行に必要なコールスタックがオペレーティングシステムによって用意されます．

8.2 プロセス

　メモリにロードしたプログラムを実行するためのメカニズムが**プロセス**（process）です．プロセスは実行時のプログラムの環境で，プログラムを実行するための，「ソフトウェア的な入れ物」ともいえます．それではなぜプロセスという概念が生まれたのでしょうか．それは次に述べる多重プログラミングを実現するためです．
　プロセスの実行をいくつかのプロセスの間で順次切り替えていく制御のことを**多重プログラミング**（multi-programming）といいます．多重プログラミングの狙いは，**CPU**（central processing unit）の遊びをできるだけ少なくして処理効率を上げることです．例えば，

プロセス1が入出力（例：ディスクからのデータの読込み）処理を入出力装置に指示したとします．特に何も考慮しなければ，プロセス1は入出力の終了を待つことになりますが，この間何も実行することがないのでCPUはむだに使われてしまうことになります（図8.12）．

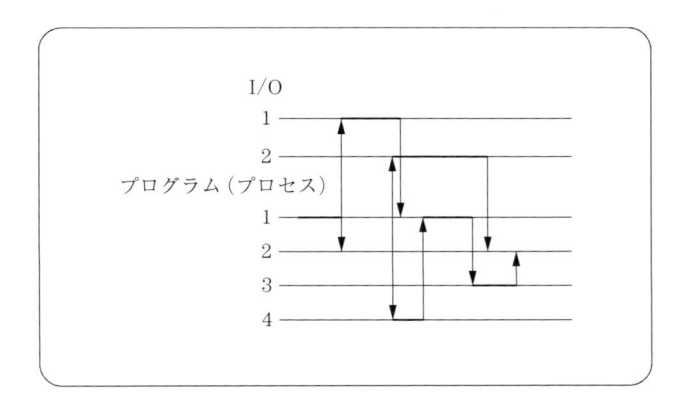

図8.12 多重プログラミング

このようなCPUのむだ使いを防ぐのが多重プログラミングです．プロセス1が入出力を開始したらこのプロセスの実行を一時的に中断して，他のプロセス（例えば2）の実行を開始するようにします．もし，2も入出力を開始したら，今度は4に移る，というように交互にプロセスを実行していくことにより，CPUの遊びをできるだけ少なくしようといのが多重プログラミングの目的です．

このように次から次へとCPUを交代で使っていく様子をある一つのプロセスから見ると図8.13のようになります．プロセスは通常はCPUで実行されています（**実行中**：running）．このプロセスが何らかの理由で実行を中断したとします．中断の理由が例えば入出力の実行終了待ちなどの場合，それが終了しない限り実行を継続することはできないので，CPUを他のプロセスに譲ってこのプロセスは**終了待ち**（wait）となります．この待っている対象を**イベント**（event）といいます．また，場合によっては，プロセスは実行を強制的

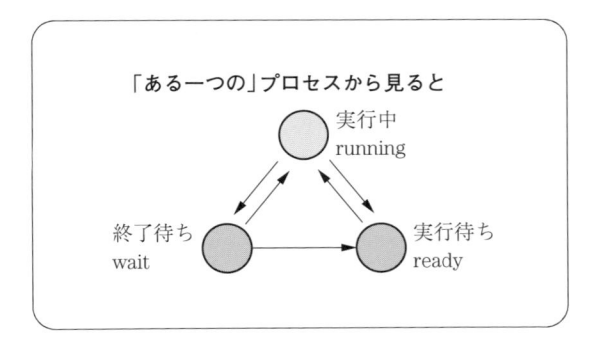

図8.13 プロセスの状態

に中断させられることもあります．また，待っていたイベントが終了したにもかかわらず他のプロセスによってCPUが使用されている場合もあります．これらのように，CPUが空きさえすれば実行を再開できる状態を**実行待ち**（ready）といいます．プロセスはこれらの三つの状態を行ったり来たりしてプログラムを実行します．このような状態の遷移を制御して多重プログラミングを実現しているのがオペレーティングシステムのプロセス管理で，その中心になるのが**プロセスディスパッチャ**（process dispatcher）です．

前の図はある一つのプロセスから見たプロセスの実行制御の様子でした．次に，**図8.14**でシステム全体を眺めてみましょう．

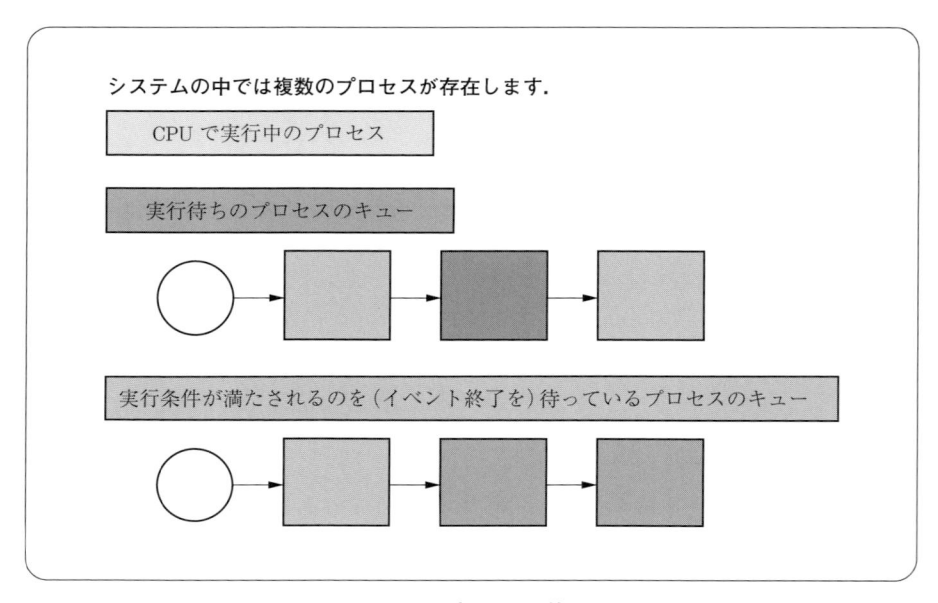

図8.14　プロセスの管理

するとCPUではあるプロセスが実行中です．イベント待ちのプロセスと実行待ちのプロセスは，それぞれ1個もないかもしれませんし，または1個以上あるかもしれません．これら二つの状態のプロセスはキュー（待ち行列）に並べられています．したがって，それぞれを**waitキュー**，**readyキュー**といいます．CPUで実行中のプロセスがなんらかの理由で実行を中断するとプロセスディスパッチャはreadyキューの中から適当なプロセスを選択して，それを実行開始させます．このときにもし複数のプロセスがreadyキューにあれば適当なプロセスを選択して実行しなければなりません．これを**プロセススケジューリング**（process scheduling）といいます．

プロセススケジューリングにはいろいろな手法があります．いくつかの例を以下に示します．

8.2 プロセス

① 到着順（先着順）（first-come-first-served）
② 処理時間順（shortest-processing time-first）　処理時間の短いプロセスを優先的に実行します．
③ 優先度順　各プロセスに優先度を割り当てておき，優先度の高い順に実行します．
④ ラウンドロビン　プロセスを短い時間周期で順次繰り返し実行します．

どのようなスケジューリング法を採用するかは，そのオペレーティングシステムの設計方針によります．特にオーバヘッドを可能な限り削減したい場合には，①のような簡単な方法を採用するのが適当でしょう．他方，例えば処理によって優先的に実行させたいものがある（例：ビジネスにとって重要な処理）場合には，③のような優先度順を採用することになります．

プロセスの実行の切替えをもう少し詳細にみると以下のようになります．

プロセス実行の切替えは割込みを契機とします（**図 8.15**）．プロセスaの実行中に割込みが生じると，その割込みを処理する割込み処理ルーチンに制御が渡ります．割込み処理ルーチンの実行が終わると，またプロセスの実行に戻りますが，このときオペレーティングシステムによって次の2通りのいずれかの処理をします．

・割り込まれたとき実行中だったプロセスの実行に戻ります．
・実行待ちのプロセス全体の中から適当なプロセスを新たに選んで実行します．

どちらの仕組みになっているにしろ，これを行うのはプロセスディスパッチャです．

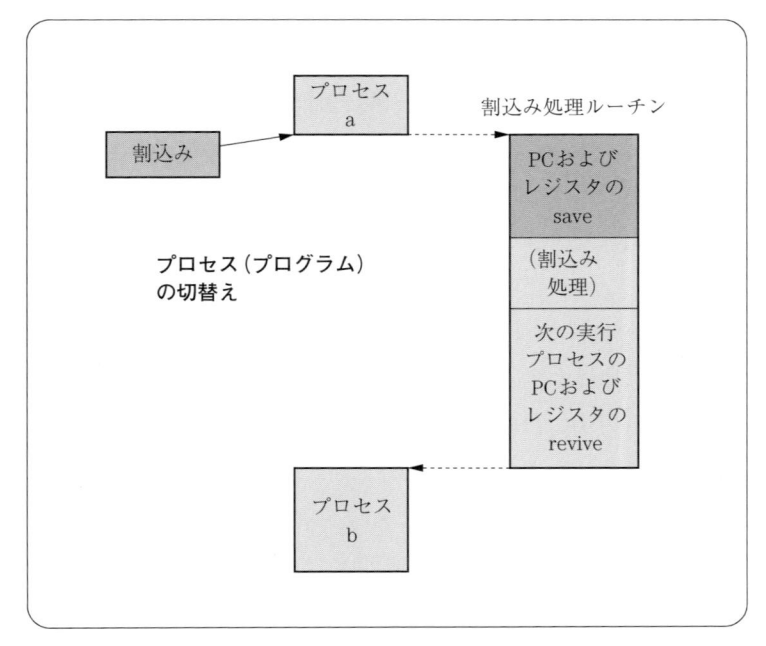

図 8.15　プロセスディスパッチャ

プロセスの制御のために以下のような制御表がプロセス対応にメモリ上に作られます．ここにはプロセスに関するすべての情報が集約されています．

- 各種のメモリ上の情報へのポインタ
    - このプロセスで実行中のプログラム
    - コールスタック
    - ページテーブル
    - プロセスが使用中の情報（ファイル，装置，など）

プロセスを生成するための具体的な方法として例えば Linux では exec コマンドが用意されています．このコマンドを使えば

- 「記憶されている」プログラムから，「実行時の」プログラム＝プロセスへ
    - コード（ローダ処理），データのコピー
    - スタックエリア割り当て
    - 初期化

などの処理が実行されます．

プロセス管理が提供しているもう一つの重要な機能は複数プロセスの協調機能です．これは複数のプロセスが共同して一つの仕事をするような場合には不可欠な機能です．

- 処理の同期のメカニズム
    - 排他的占有
- プロセス間通信のメカニズム

などが用意されています．

プロセス間の協調が必要な例について図 8.16 で説明します．

銀行システムの処理は基本的には以下のとおりです．残高情報はディスクに記録されています．預金者が ATM から預金または払出し要求すると，システムは残高をディスクから読み出して，払出しであれば十分な残高があることを確認して，残高から支払金額を引いた額を新しい残高としてディスクに書き込みます．また，預金であれば同じように残高をディスクから読み出して預金額をこれに加えた額を新しい残高としてディスクに書き込みます．

さて，銀行の一つの口座にご主人と奥さんの 2 人のキャッシュカードが発行されていたとします．預金残高が 100 万円の口座でご主人が 90 万円の預金をしました．システムはディスクから残高（100 万円）を読み出して，これに 90 万円を加える処理をしようとしています．ちょうどこのとき奥さんがこの口座から 80 万円を引き出しに来たとします．システムは残高をディスクから読み出しますが，この瞬間にはまだ新しい残高はディスクに書き込まれていませんので 100 万円が残高として読み出されました．ということで，結果は図に示すように残高は 110 万円にならなければならないにもかかわらず，20 万円という誤った値に

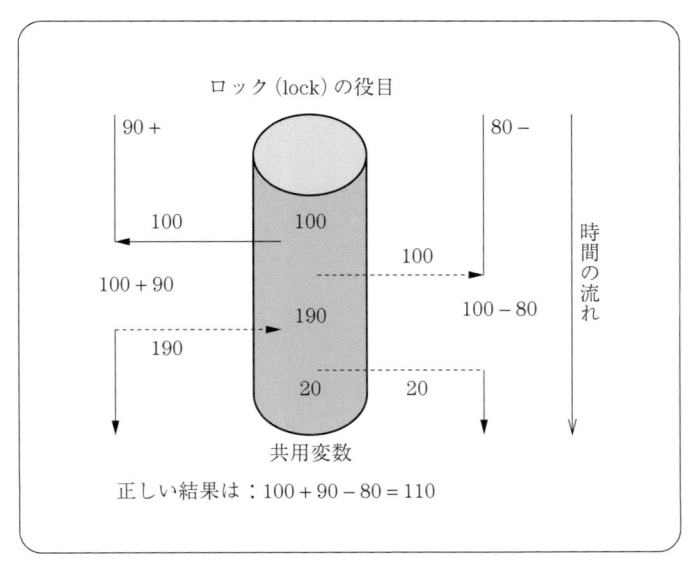

図 8.16　排他的占有使用の例

なってしまいました．

　このような誤動作を防ぐには，誰かがある情報（この場合にはご夫婦の銀行口座）を使って処理をしている間は他の人は同じ情報にアクセスできないような仕組みが必要です．我々の日常生活ではこの仕組みが「ドアにかかっている使用中を示す札」です．部屋を使用する場合には，この札が使用中となっていないかを確認します．もし札が空きになっていたらこれを使用中にして部屋を使用します．使用し終わったら札を空きに戻します．もし，札が使用中であったなら空くまで待ちます．

　コンピュータの場合，この使用中の札に相当するのが**ロック**（lock）です．ロックの使い方は，次のとおりです．

- 使用するとき
    - 共用資源にアクセスしたい．

        使用中（ロック）か否かを調べます．

        未使用なら使用可

        ロックを掛けて（使用中）使用開始します．
    - 使用中なら空くのを待ちます．
- 使用が終了したら
    - ロックを「空き」にします．

　ロックを実現するのは簡単で，使用中か空きかを表すための 1 bit があれば十分です．このビットを L として，使用中なら 1，空きなら 0 とします．

8. オペレーティングシステムの中核

```
ロックを掛ける処理は
lock：if (L==0) {L=1；goto exit}：
        goto lock；
exit：
ロックを空ける処理は
unlock：L=0；
```

です．このようなロックを掛ける必要のある処理のことを**排他的占有**といいます．

上に説明した排他的占有のためのロックには実は大きな欠点があります．それはロックが1のときに空くのを待つ処理です．ロックのプログラムをもう一度見てもらえば分かるように，もしLが1（使用中）ならループします．このループの問題は次の二つです．

- このループは無為にCPUを使用するので，CPUの無駄づかいになります．
- このループから出るためにはLが0にならなければなりませんが，CPUはこのループを実行しているのでLを0にする処理が実行できません．

特に，2番目の問題は致命的でこれは無限ループに陥ることになります．これを避けるために以下のような対応が不可欠です．

すなわち，lockとunlockのプログラムを次のように書き換えます．

```
lock：if (L==0) {L=1；goto exit}；
このプロセスをwait状態にしてプロセスディスパッチャに新しいプロセスの実行開始をしてもらいます：
exit：

unlock：L=0；このロックが空くのを待っているwait状態のプロセスがないかチェックして，もしあればそれをready状態にします：
```

8.3 メモリ管理

メモリ管理の大きな役割は，仮想記憶とメモリエリアの管理です．メモリはプログラムやデータを格納する重要な場所です．最近のパソコンでいえば数GBの大きさですが，その大

8.3 メモリ管理

きさはもちろん有限です．ところが，最近の Windows を初めとするプログラムは，とてもそのような大きさには納まりません．それではどうすればよいでしょうか．この問題を解決するために考えられたのが仮想メモリです．

仮想メモリ方式では，図 8.17 のようにプログラムをページという同一の大きさのブロックに分割します．このページはあとに述べる仕組みによってメモリのどこに入れてもよいようになっています．同じくメモリも同じ大きさのページに分割されています．ページの大きさは，歴史的に 4 KB などが選ばれるのが普通です．

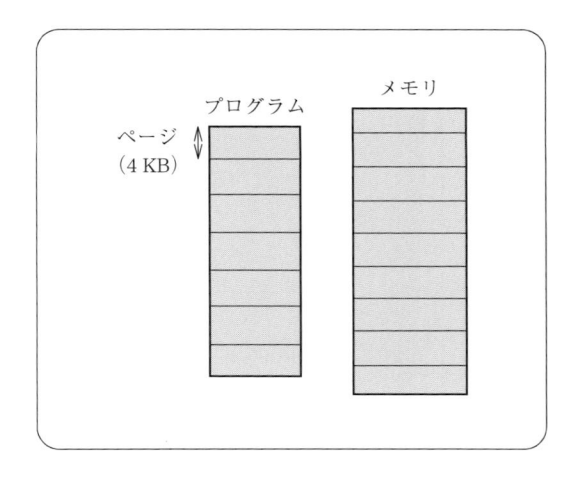

図 8.17　ページ分割

プログラムのアドレスを**仮想アドレス**（virtual address．普通は 0 番地から始まります），メモリのアドレスを**実アドレス**（real address）といいます．プログラムのページは，メモリのどこに入れてもよいようになっています．プログラムの実行には仮想アドレスが使われますが，ハードウェアがメモリにアクセスするには実アドレスを使いますから，図 8.18 の

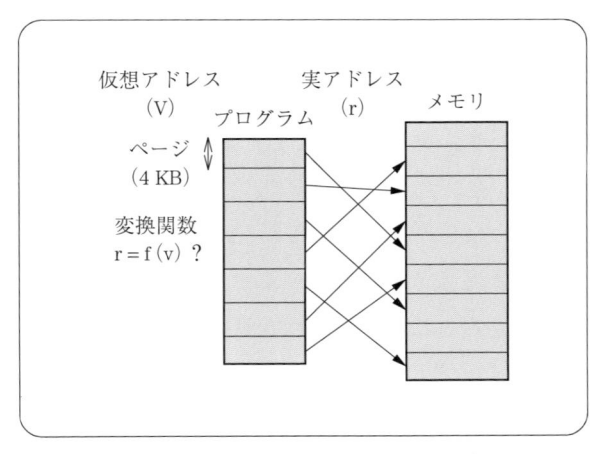

図 8.18　仮想アドレスを実アドレスに変換

ように仮想アドレスを実アドレスに変換する仕組みが必要になります．

このアドレス変換を行うに当たって，次の事実に注目しましょう．図 8.19 に示すように，仮想アドレスはそれが属するページの先頭アドレスと，そのページ内でのページの先頭からのアドレス（ページ内相対アドレス）を加えた値になります．このうち，後者の値は，このページがメモリのどこに入れられようと不変です．それに対して，前者の値は当該ページがメモリ中のどこに入るかによって変わります．

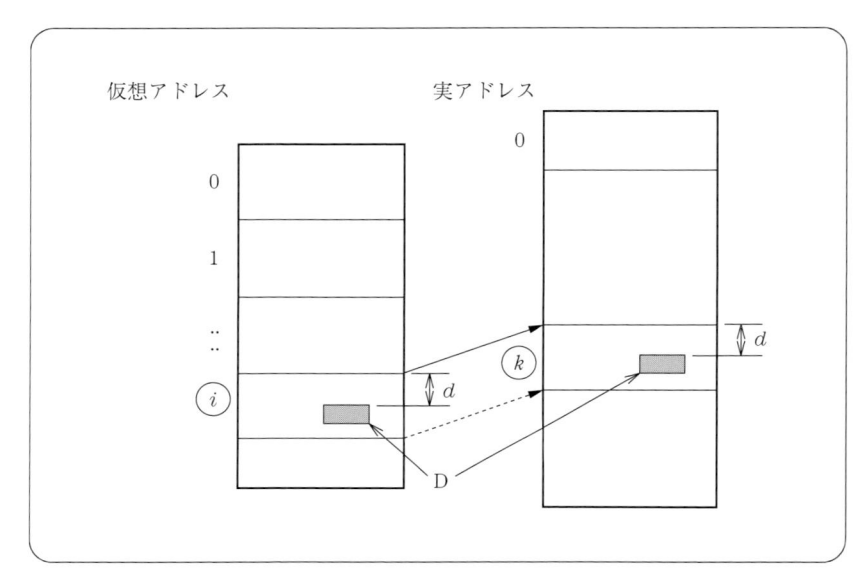

図 8.19 アドレス変換の仕組み

したがって，図の D のアドレスは

$$\text{仮想アドレス} = i \times 4\,096 + d, \quad \text{実アドレス} = k \times 4\,096 + d$$

となります．ただし，ページサイズは 4 KB（4 096 B）です．すでに述べたように，d の値は不変ですから i から k への変換のみ考えればよいことになります．この変換はいわゆる解析的関数ではありませんから，表を設けることによって解決します（図 8.20）．これを**ページテーブル**（page table）といいます．ページテーブルはメモリ上にあります．

ページテーブルは，実際にはそれぞれの仮想ページ番号に対して，メモリ中の対応する実ページの先頭アドレスを入れるようになっています．したがって，仮想ページ番号で引くと，実ページ先頭アドレスが得られます．この処理を図で表したのが図 8.21 です．仮想ページ番号は仮想アドレスをページサイズで割った答えの商ですが，ページの大きさが 4 KB と 2 のべき数になっていますので，ページサイズで割る代わりにアドレスの下 12 bit を取った残りの 20 bit がその商となります．また，ページ内相対アドレスは，逆に下位 12 bit で

8.3 メモリ管理

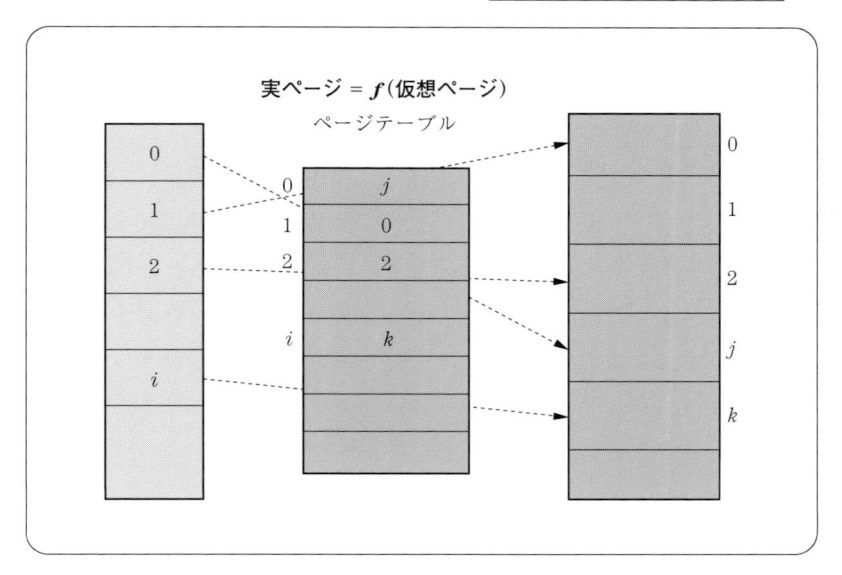

図 8.20　ページテーブル

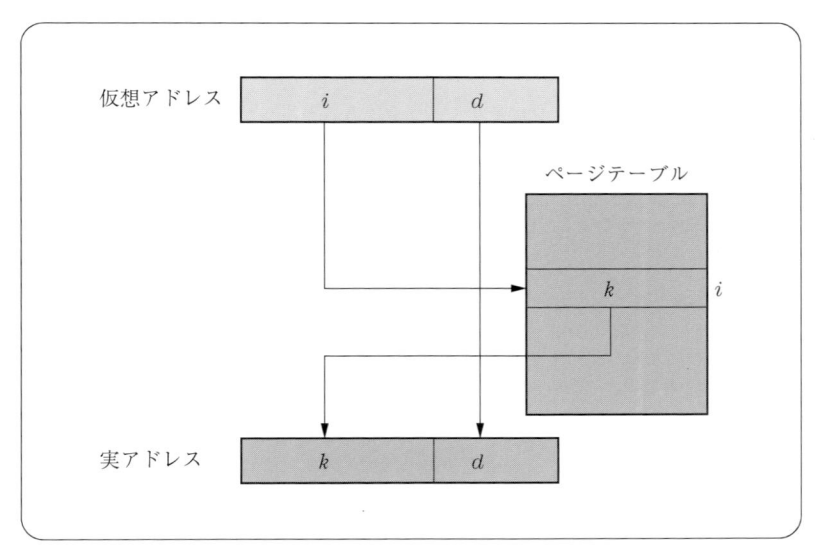

図 8.21　ハードウェアのアドレス変換

す．この一環の処理を**アドレス変換**（address translate）といいます．

　メモリにアクセスするのは，命令およびデータの読出し時です．命令読出しは各命令実行時で，データアクセスは lw 命令や sw 命令実行時です．これらのメモリアクセスごとにアドレス変換を行いますが，これはもちろんハードウェアが自動的に実行してくれますので，我々はなにも意識する必要はありません．この処理のためにハードウェアは先のページテーブルを使います．ページテーブルがメモリのどこになるかについては特別のレジスタ（例え

ば，ページテーブル先頭アドレスレジスタと呼ばれる）が用意されていて，それから指されています．

それではページテーブルの内容はいつ，誰がどのように用意するのでしょうか．これを用意するのもオペレーティングシステムの役目で，メモリ管理が担当しています．

プログラム実行中に，そのプログラムのすべての部分がメモリにある必要は必ずしもありません．例えば，状況によっては絶対に実行されない部分があるかもしれませんし，またすぐには必要ない部分も当然あります．そのような当面は不要なプログラムの部分をメモリに置かないようにすることによって，メモリの有効利用を図ろうというのが，**オンデマンドページング**の概念です．そしてこれを実現するハードウェアのメカニズムが**ページ不在**です．

アクセスしたページがメモリ中にあるかどうかを示すために，ページテーブルの各エントリには，ページ不在ビットと呼ばれるビットが用意されています．ページがメモリ中になければページ不在ビットは1に，あれば0に設定されます．ページにアクセスするときに，ハードウェアはこのページ不在ビットを調べます（図 8.22）．

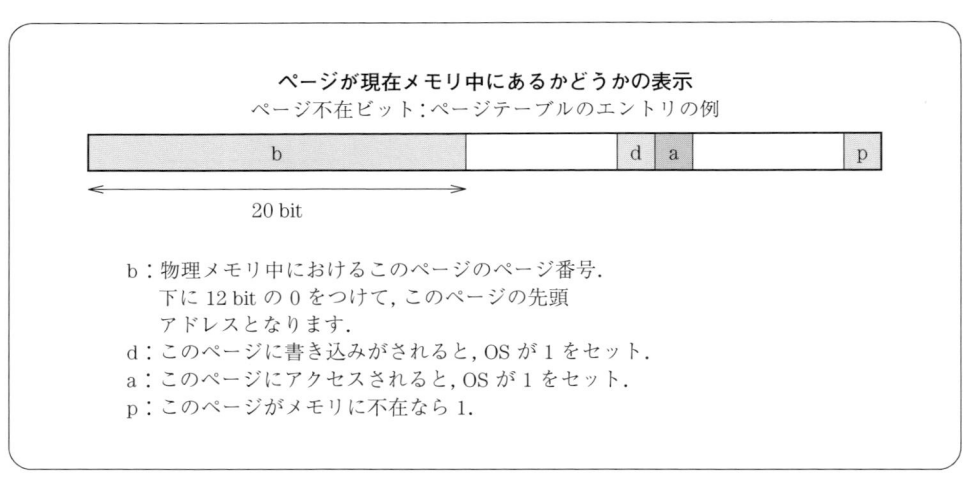

```
┌─────────────────────────────────────────────┐
│       ページが現在メモリ中にあるかどうかの表示       │
│       ページ不在ビット：ページテーブルのエントリの例    │
│                                             │
│   [        b        ]    [d][a]       [p]   │
│    ←─── 20 bit ───→                         │
│                                             │
│   b：物理メモリ中におけるこのページのページ番号．    │
│      下に 12 bit の 0 をつけて，このページの先頭   │
│      アドレスとなります．                       │
│   d：このページに書き込みがされると，OS が 1 をセット．│
│   a：このページにアクセスされると，OS が 1 をセット．│
│   p：このページがメモリに不在なら 1．            │
└─────────────────────────────────────────────┘
```

図 8.22　ページ不在ビット

不在ビットの値が0ならページはメモリ中にありますから，必要なアドレス変換を行ってページにアクセスします．もし1ならページはメモリ中にないので，ページ不在割込みを起こします．これを受けてオペレーティングシステムはページ不在割込み処理ルーチンを起動して，必要なページをメモリに読み込みます．

以上をまとめて，ハードウェアのアドレス変換の流れを図 8.23 に示しました．ページ不在割込みを処理ルーチンは以下のような処理をします．

・メモリの空き領域を探します．

8.3 メモリ管理

```
┌─────────────────────────────────────────┐
│          メモリアクセスの流れ              │
│                                         │
│      ┌──────────────────┐               │
│      │ メモリアクセスのため │               │
│      │ ページテーブルにアクセス│              │
│      └──────────────────┘               │
│              ↓                          │
│      ┌──────────────────┐               │
│      │ ページテーブルの対応する │             │
│      │ エントリのページ不在ビットを│            │
│      │    チェック       │               │
│      └──────────────────┘               │
│              ↓                          │
│      ┌──────────┐  y   ┌──────────┐    │
│      │ 不在ビット=1 │─────→│ ページ不在 │    │
│      └──────────┘      │  割込み   │    │
│              ↓ n       └──────────┘    │
│      ┌──────────────────┐               │
│      │ メモリ中のページにアクセス │          │
│      └──────────────────┘               │
└─────────────────────────────────────────┘
```

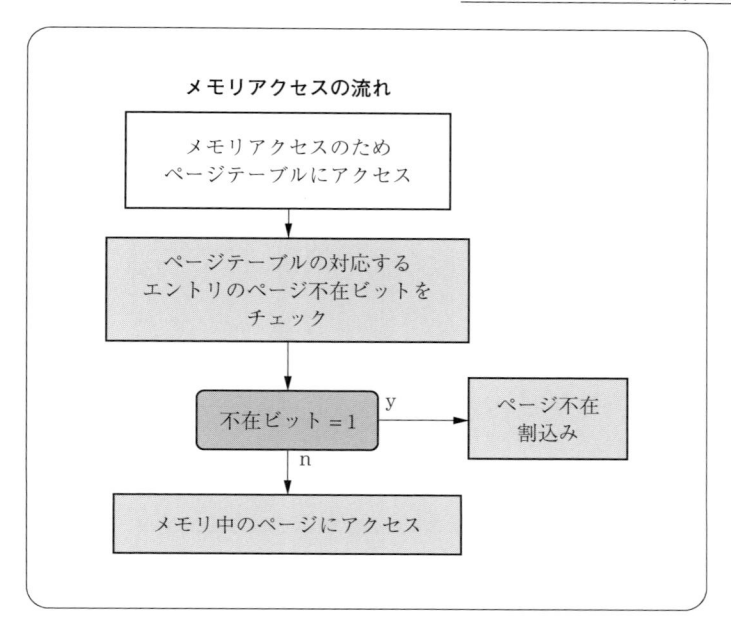

図 8.23 ハードウェアのアドレス変換の流れ

○ もし空き領域がなければ，適当なページを選んでディスクに書き出して空き領域を作ります．

　どのページを選ぶかについては，最も使われそうもないページを選びたいが，これを実現するアルゴリズムはないので，よく採用されるのは **LRU**（least recently used）という方法です．この方法では，最も長い間使われなかった（アクセスされなかった）ページを選びます．経験的にそのようなページが最も使われないページになることが多いことが知られているからです．

・空き領域に不在だったページを読み込みます．
・割込みが生じたプログラムの実行を再開させます．

プロセスが使うメモリ空間，すなわち仮想アドレスの空間（**仮想空間**ともいいます），はページテーブルによって定義されますが，このテーブルは先に述べたページテーブル先頭アドレスレジスタが指しています．もし，プロセスごとにこのレジスタの内容を入れ替えて異なるページテーブルを使うようにすれば，プロセスごとに仮想空間を独立に設けることができるようになります．このような構成を**多重仮想空間**といいます．この構成ではそれぞれのプロセスはあたかも独立した個別のメモリを持っているかのように振る舞えます（図 8.24）．

　場合によっては，同じプログラムを複数のプロセスで同時に使うこともあります．その場合には，同じ物理ページを異なるプロセスのページテーブルから指すように，それぞれのペ

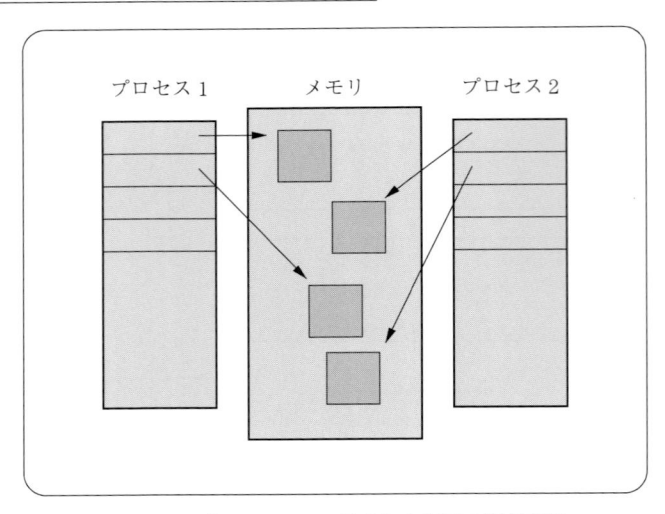

図 8.24　プロセスごとの独立した個別の仮想空間

ージテーブルの内容を設定すればプログラムのコピーは一つですむことになります．オペレーティングシステムはこの方法ですべてのプロセスの空間から共用されています（図 8.25）．

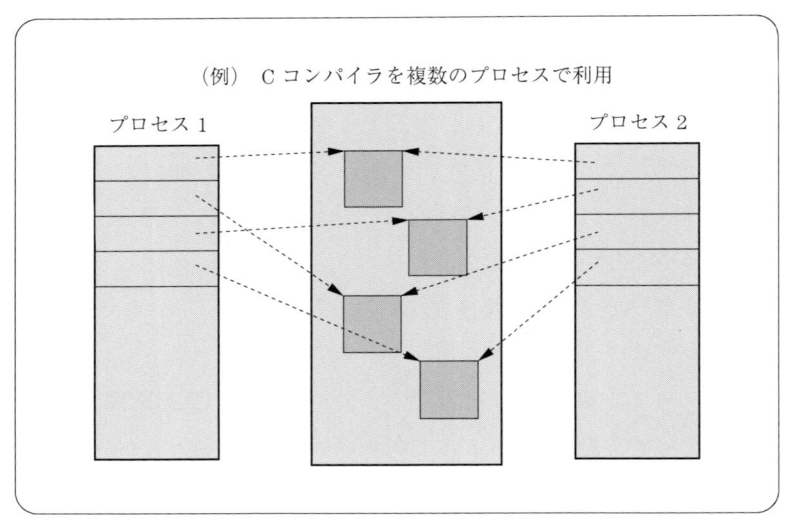

図 8.25　同一プログラムの共用

そのように同じ物理ページを異なるプロセスで共用する場合に問題になるのは，書込み(store)するエリアの扱いです．物理ページは共用されていて1個だけですから，複数のプロセスが同じメモリアドレスに store を実行すると，そこに格納されるデータはどちらか一方のデータであって，他方は失われてしまうことになります．そのような状況を防ぐには，

storeするエリア（すなわち，プログラムでいえば一時変数のエリアなど）はプロセスごとに独立に用意するようにしなければなりません．そのためにプロセスごとに用意されているコールスタックを使います（図 8.26）．

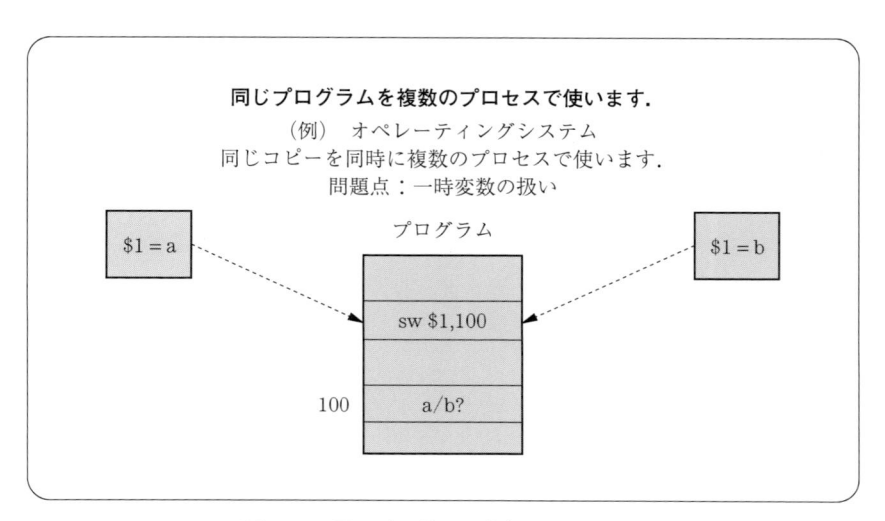

図 8.26 同一プログラム独立データエリア

図 8.27 はそれぞれのプロセスの仮想空間の使い方を示したものです．どのプロセスでもオペレーティングシステムは実行できなければなりませんので，上に述べたような考えに基づき全プロセスに共通の同一仮想アドレスにオペレーティングシステムのプログラムが割り当てられます．それ以外のアドレス空間は各プロセスに個別のエリアで，プロセスのプログラムやコールスタックエリアに使われます．

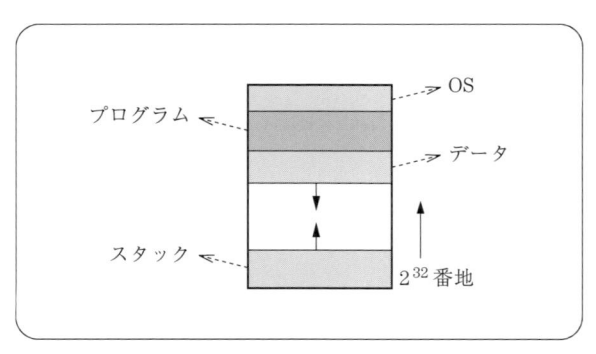

図 8.27 プロセスの仮想空間の使い方

8.4 割込み処理と入出力

オペレーティングシステムで中心的な役割を果たすのがいろいろな種類の割込みを処理するプログラムであることはすでに理解されたと思います．その割込み処理ルーチンは基本的には図 8.28 のような構成になっています．プロシージャと同じように最初と最後でレジスタの退避と回復を行います．

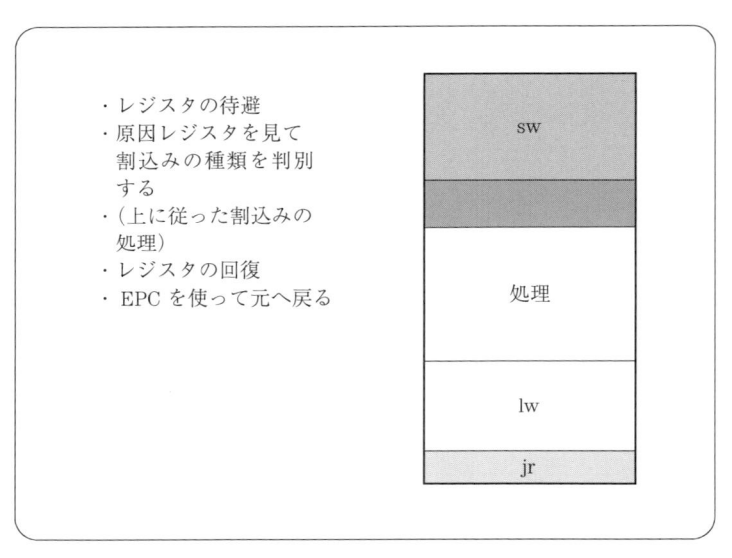

- ・レジスタの待避
- ・原因レジスタを見て割込みの種類を判別する
- ・（上に従った割込みの処理）
- ・レジスタの回復
- ・EPC を使って元へ戻る

sw

処理

lw

jr

図 8.28　割込み処理ルーチンの構成

次に，入出力の処理について説明しましょう．コンピュータの入出力の開始を指示するのはもちろんプログラムですが，データの転送（例えばディスクとメモリ）はプログラムとは独立にディスクとメモリの間で直接行われます．データ転送の終了は割込みで通知されます．

以下では代表的な外部記憶装置である**ディスク**（disk）について説明します．ディスクは図 8.29 のような円盤状の記録媒体で円盤の表面に磁性体が塗布されており，これを磁化して情報を記録します．記録のために使われるのが磁気ヘッドです．ディスクは例えば 1 秒間に 3 600 回転という高速で回転しています．記録はトラックと呼ばれる回転しているディス

8.4 割込み処理と入出力

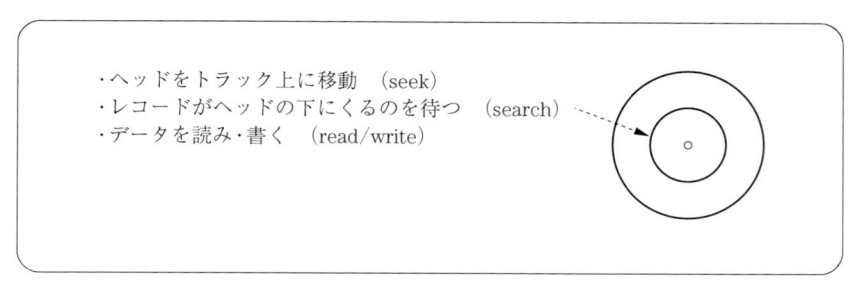

図 8.29 ディスクの動作

クの円周方向に記録されます．トラックは同心円構成をしているので，アクセスするトラックを選択するにはヘッドを移動します．

ディスクに記録されているデータにアクセスするための典型的な動作も図に示しました．シーク動作はヘッドの移動に要する時間です．ヘッドは停止していますからこれを動かすためにはイナーシャによる初期動作時間がかかります．加えて移動するトラック数に比例した移動時間がかかります．これらの和がシーク（seek）時間で，例えば3 ms程度です．

サーチ動作はヘッドの下にアクセスすべきレコード（データ）が回ってくるのを待つ時間です．最短ではヘッドの下にアクセスするレコードがすぐ回ってくるでしょう．また，最悪では1回転待たなければなりません．ということで平均的には2分の1回転の時間が**サーチ時間**です．例えば2 msくらいです．

最後に，データを読み書きするのに要する時間ですが，これは読み書きするデータの量に依存します．ディスクの記録密度と回転時間から計算ができます．

ディスクへの入出力の処理の流れは**図 8.30**のとおりです．シークやデータ転送の動作は

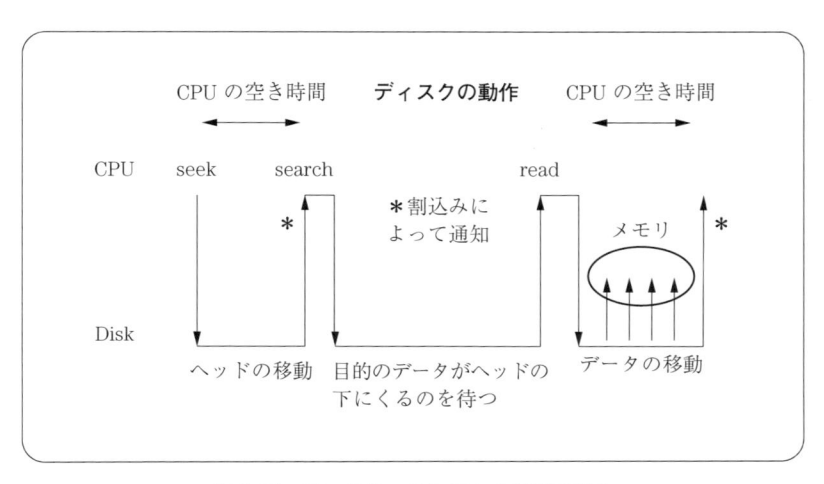

図 8.30 ディスクへの入出力の処理の流れ

CPU とは独立に行われますので，これらが終了するまでの間 CPU では他のプログラム（プロセス）の実行をします．動作の終了はディスク側から割込みによって CPU 側に通知されます．この仕組みを使って複数のプロセスの実行を切り替えて進めることを**多重プログラミング**ということについてはすでに説明したとおりです．

8.5 ファイル管理

　以上のような入出力の仕組みを我々が作る高級言語のプログラムから直接使うことはありません．高級言語プログラムにはファイル管理という機能が提供されています．ファイル管理がどのような機能を提供しているかは，すでに皆さんがいろいろとプログラムしている中で学習したとおりです．

- ファイルの所在の管理
- アクセス法
- 排他的占有アクセスの管理
- スペースの管理

ファイルはディスクに格納されていますが，その場所などを我々は意識する必要はありません．ただ名前を指定するだけです．指定された名前からファイルのディスク上の格納場所を見つけるためにディレクトリが用意されています．ディレクトリの内容は以下のとおりです．

- ファイルの属性
- ファイル名
- ファイルタイプ
- 大きさ
- ファイルの存在場所　　デバイス，トラック番号など
- 所有者
- その他

　ファイルにはプログラムが扱うデータの単位（レコード）と入出力で扱うデータの単位（ブロック）があります．ブロックは複数のレコードから構成されています．ディスクとの

入出力の効率の観点からはブロックはある程度大きい方が有利です．しかし，メモリの効率的利用の観点からは余り大きくするのは得策ではありません．

　ディスク上の空き領域（スペース）の管理もファイル管理の役目です．以下のような方法があります．

- ファイルのページの管理　　リスト，ポインタ
- 空きスペースの管理　　リスト，ビットマップ（ブロック対応に，使用中か否かを1ビットで管理する）

ファイルへのアクセス時間，すなわちディスクの入出力時間は

　　　（シーク）＋（サーチ）＋（データ転送）

です．複数の入出力要求があるときにどれを優先するかを決めなくてはなりません．いくつかの方法があります．

- FCFS　　入出力の要求の順に処理します．
- SSTF（shortest-seek-time-first）　　現在のヘッドの位置に一番近いシリンダ番号の要求を優先します
- 平均アクセス時間は減少
- 両端に近いシリンダは不利
- アクセス時間の変動が大

本章のまとめ

❶ オペレーティングシステムの呼出し　　特権命令，ソフトウェア割込み命令
❷ プログラムの実行準備　　ロード，リロケーション，リンク
❸ プロシージャ呼出し　　レジスタ待避・回復，コールスタック
❹ プロセス管理　　プロセスの状態，プロセスディスパッチ，排他的占有処理
❺ メモリ管理　　仮想メモリ，アドレス変換
❻ 割込み処理
❼ 入出力処理
❽ ファイル管理

● 理解度の確認 ●

問 8.1 プロセス管理のプログラムを作成しなさい．使われるデータ構造を設計して，プロセスディスパッチャのプログラムを作りましょう．そのときに，プロセス間の排他的占有処理も実現しなさい．

問 8.2 仮想メモリの実現のために考えなくてはならないのは，ページ不在割込みが生じたときに不在だったページをメモリに読み込むに当って，空スペースがメモリにないときの処理です．空を作るためにはメモリにあるどれかのページを追い出す必要があります．この処理がどのように行われているかについて調べなさい．

問 8.3 ディスクからの入出力動作終了の割込みが発生しました．この割込みを処理するプログラムを設計しなさい．

9 ハードウェアの構成

　本章ではコンピュータがどのように作られているかについて説明します．
　CPU は，先に述べたように組合せ回路と記憶回路から構成されています．CPU の中を見ると主な要素は演算回路，レジスタ，メモリおよび命令制御回路です．

9.1 基本構成要素

まず，準備として**クロック**（clock）という信号について説明します．クロックは図 9.1 のように周期的に 0 と 1 の状態を繰り返す電気信号で，コンピュータの動作のために重要な役割を果たします．クロックの 1 回の繰返しを**サイクル**（cycle）といい，このサイクルが 1 s 間に何回繰り返されるかを**クロック周期**といいます．最近のパソコンなどではこの周期は，例えば 10 GHz（1 s 間に 100 億回繰り返す）という値です．

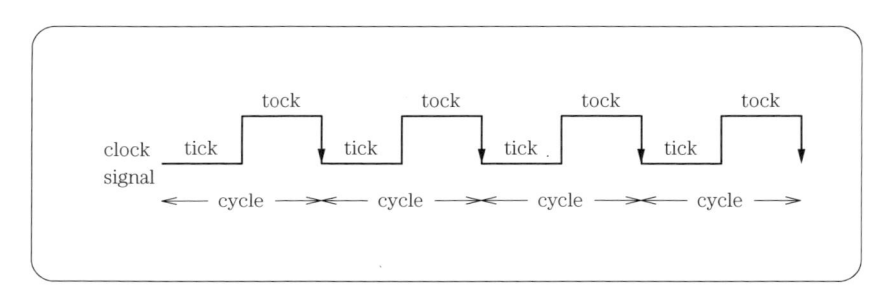

図 9.1 クロック

RS フリップフロップを使って実現できるのが **D フリップフロップ**（D flip-flop）です（図 9.2）．RS フリップフロップでは入力信号（R と S）が変化すると状態も変化しました．これに対して D フリップフロップでは，状態が変化するタイミングが決められています．このフリップフロップと RS フリップフロップは一見同じ動作をするように見えますが，大きな違いは 2 番目の入力 Clk と EN にあります．D フリップフロップは，Clk と EN の値

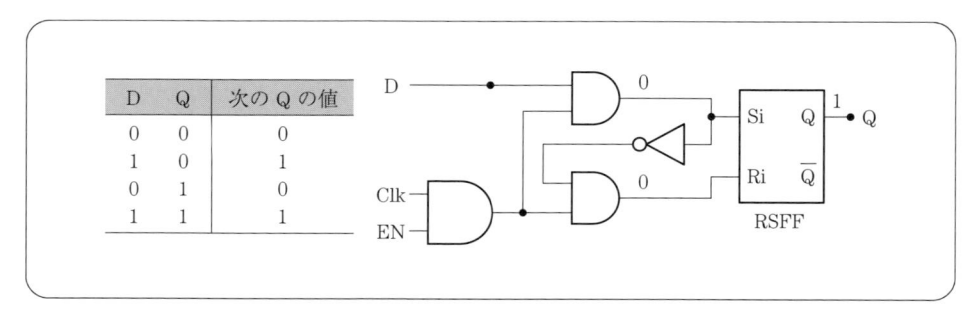

D	Q	次の Q の値
0	0	0
1	0	1
0	1	0
1	1	1

図 9.2 D フリップフロップ

が 1 のときのみ，D の値によって状態を変化します．この Clk に前の図のクロックを使えば，D フリップフロップはクロック信号が 1 のときの入力信号 D の値を記憶することになります．また，EN がもし 0 ならば，クロックが 1 であっても D フリップフロップは入力信号の記憶はしません．

CPU は図 9.3 のような構成をとっています．フリップフロップ（レジスタ）FF 1 に記録されている値が組合せ回路に入力され，その結果がフリップフロップ（レジスタ）FF 2 に入力されます．ここでクロックの値が 1 になればその値が記憶されることになります．この動作がクロック周期（0 → 1）で繰り返されます．

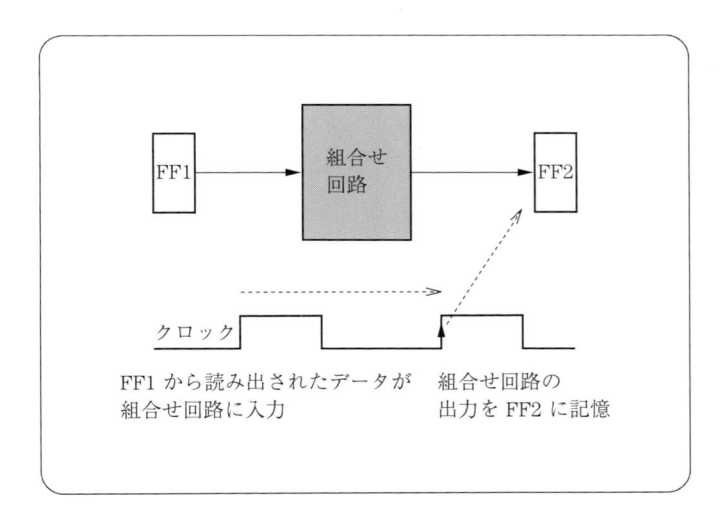

図 9.3 CPU の構成

なお，図 9.3 ではフリップフロップが 2 組あるようになっていましたが，実際には図 9.4 のようにフリップフロップから出た出力信号が組合せ回路を通って再びフリップフロップに入力され，その値がクロックを使ってフリップフロップで記憶されるようになります．この結果，クロック周期に伴ってフリップフロップの値が変化していくことになります．

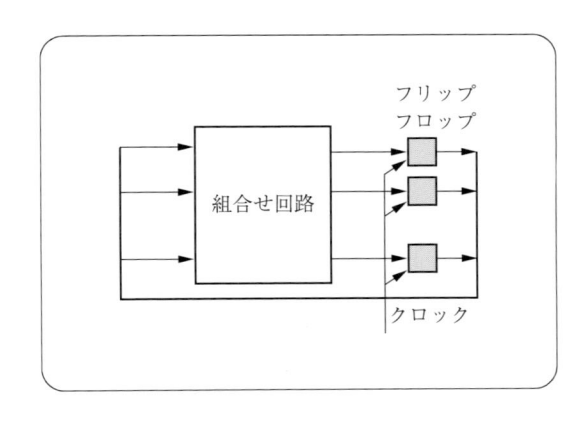

図 9.4 CPU の構成

9.2　CPU の構成

図 9.5 は，4 章で説明したアーキテクチャの CPU の基本構成です．命令を格納する**命令メモリ**（instruction memory）とデータを格納する**データメモリ**（data memory）が独立になっていますが，実際のコンピュータではこの二つは 1 個のメモリに統合されています．この図では簡単のために二つを分けました．

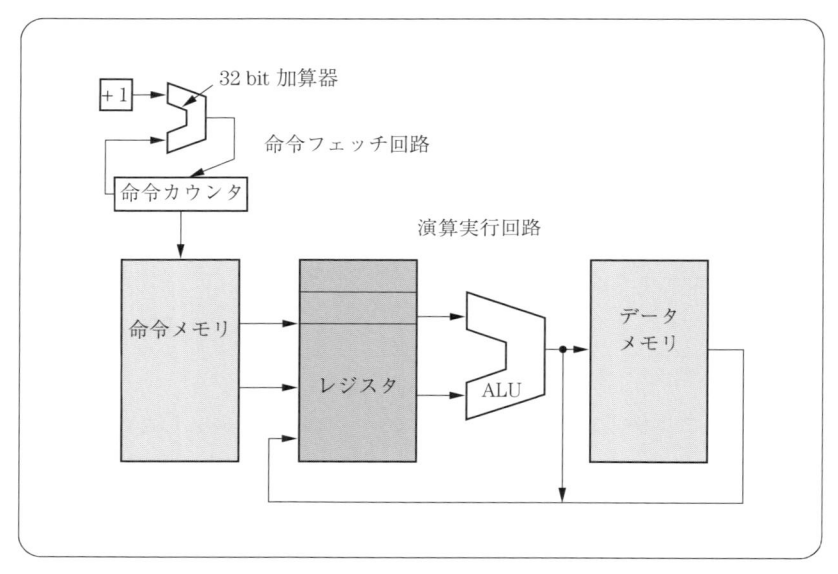

図 9.5　CPU の基本構成

命令の実行は**図 9.6** のように 5 フェーズで行われます．

① まず命令が命令メモリから読み出されます．読み出す命令のアドレスはプログラムカウンタ（PC）に入っています（IF）．

② 読み出された命令の種類によってオペランドのレジスタなどが選択されます（ID）．

③ これらのオペランドを使って ALU により必要な演算をします（EXE）．

④ 命令によってはデータメモリにアクセスすることが必要になります（DF）．

⑤ 最後に命令によっては結果をレジスタに書き込みます（WB）．

以上の処理と並行して，PC の値に 1 が加えられ次の命令アクセスの準備がされます．

9.2 CPUの構成

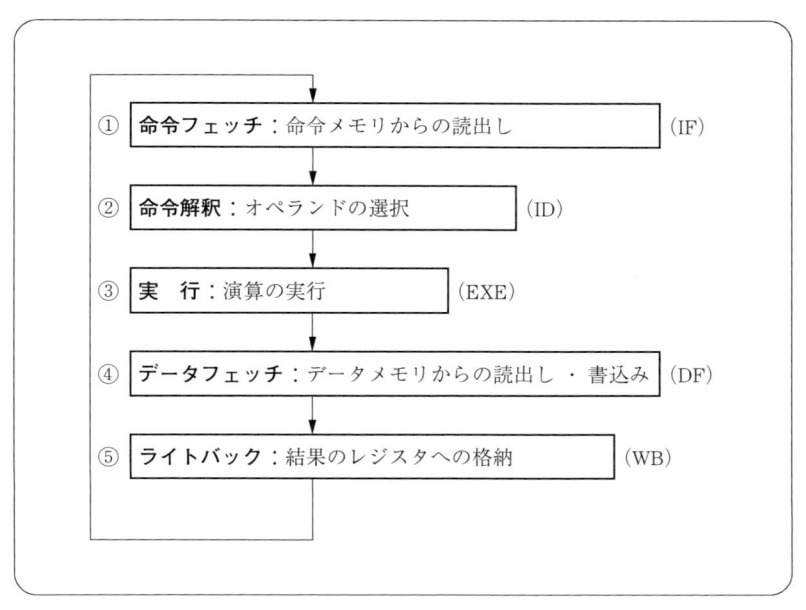

```
① 命令フェッチ：命令メモリからの読出し        (IF)
② 命令解釈：オペランドの選択               (ID)
③ 実　行：演算の実行                    (EXE)
④ データフェッチ：データメモリからの読出し・書込み (DF)
⑤ ライトバック：結果のレジスタへの格納        (WB)
```

図9.6　命令の実行の5フェーズ

　それではCPUの設計を進めていきましょう．中心になるのは二つの演算回路です（図9.7）．まずは命令アクセス部で使う加算器ですが，これは32 bitの2入力の加算器ですからすでに3章で設計したとおりです．

32 bit 加算器とALU

加算器：A, B (32 bit) → A+B (32 bit)

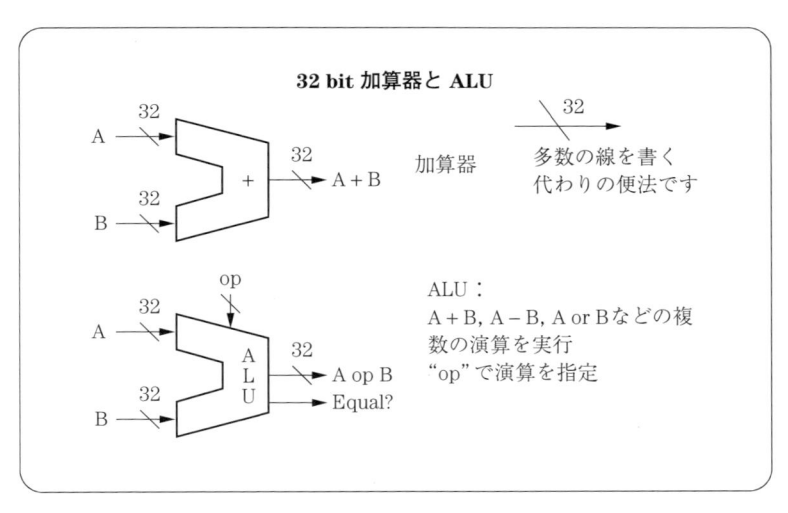

ALU：op信号, A, B (32 bit) → A op B (32 bit), Equal?

32 → 多数の線を書く代わりの便法です

ALU：
A+B, A−B, A or B などの複数の演算を実行
"op"で演算を指定

図9.7　二つの演算回路

　ALUは加減算，論理演算などを実行します．また二つの入力の比較（等しい？大きい？など）をしてその結果を出します．ALUは二つの32 bitオペランドに加えて，動作（加算，減算，など）を指示するオペレーション信号（op）を入力として，32 bitの結果と比較

の結果を出力とします．

なお，32本もの線を書くのは大変ですからこれを図9.7のように省略して示します．

プログラムカウンタは実行する命令が入っている命令メモリのアドレスを指し示すレジスタです（**図9.8**）．

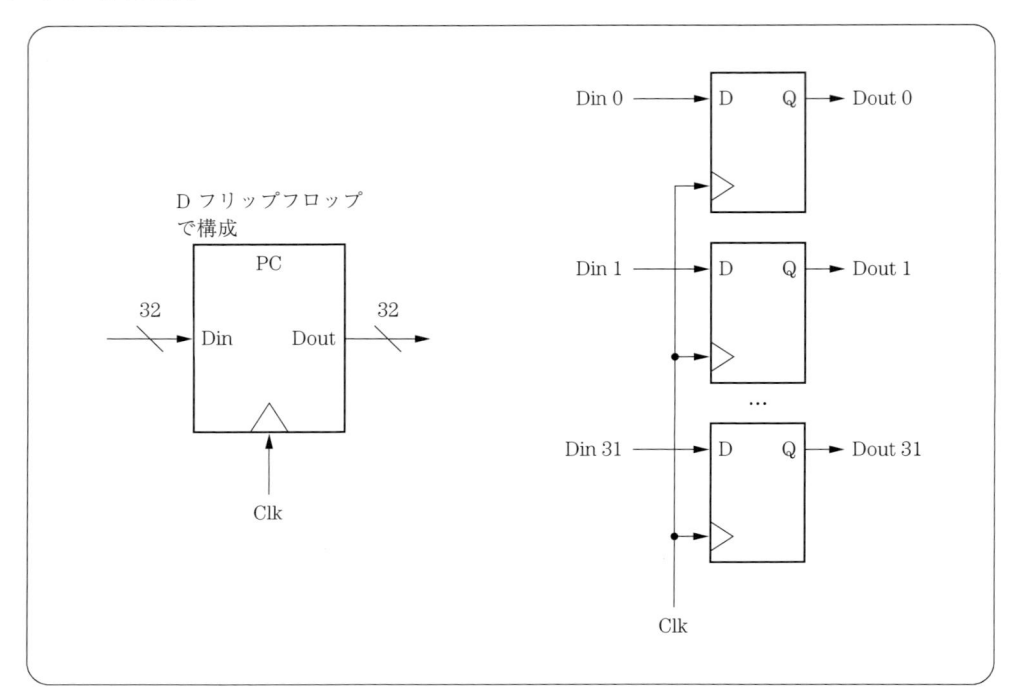

図9.8 プログラムカウンタ

アドレス信号32本（Dout）が出力です．また，次に実行すべきアドレスを入力します（Din）．入力された信号を記憶するタイミングはクロック（Clk）が1になったときです．PCはDフリップフロップを32個並べれば実現できます．なお，フリップフロップへのクロック信号（Clk）の入力をこの図のように△で表します．

命令メモリはread-only-memory（ROM）です（**図9.9**）．命令がプログラム実行中に書

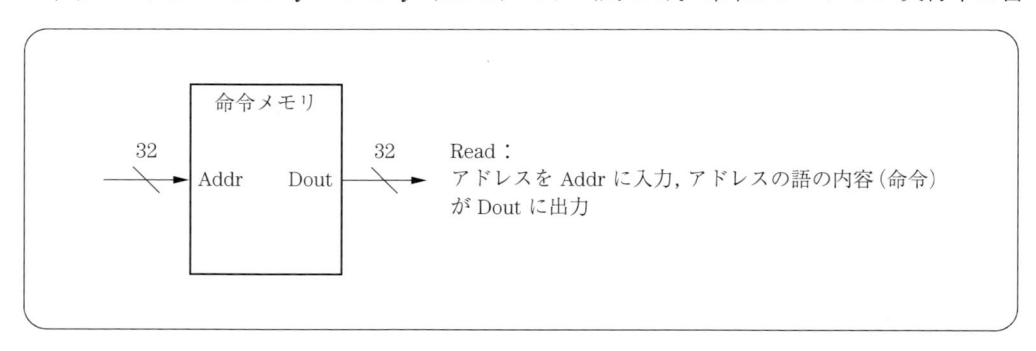

図9.9 命令メモリ

き換えられることはないからです(もっとも,プログラムをディスクからロードしなければなりませんが,そのことはここでは無視しておきたいと思います).アドレスデータ(32 bit)を命令メモリのアドレス(Addr)に入力すると指定されたアドレスの語に入っている命令がDoutに読み出されます.

他方,データメモリは読み書きができなければなりません.データを読み出すにはAddrにアドレス(32 bit)を入力すればDoutに指定されたアドレスの語の内容が出力されます.データを書き込むには,書き込む先のアドレスと書き込むデータをAddrとDinに入力します.このデータがメモリに書き込まれるのはクロック(Clk)が1になり,かつWEも1のときです(図9.10).

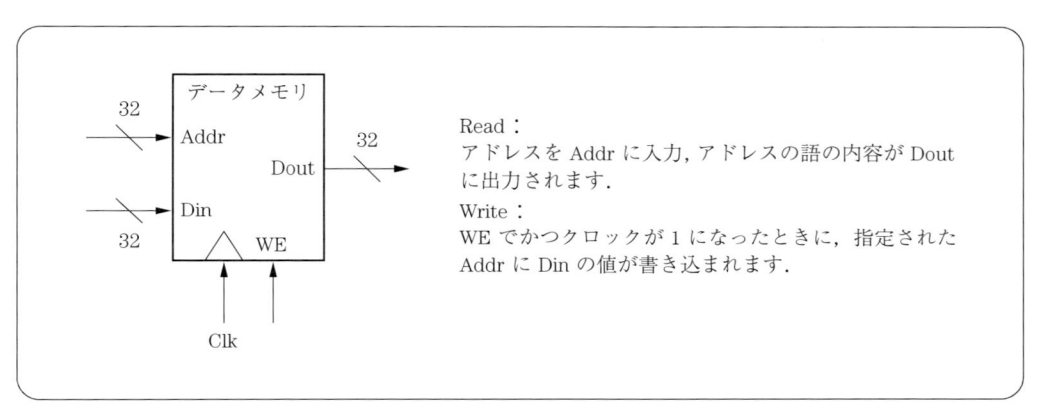

図9.10 データメモリ

次に,32個の32 bitレジスタを設計します.このレジスタ群の仕様は,図9.11のように6種の入力信号と2種の出力信号を持ちます.動作は次のとおりです.

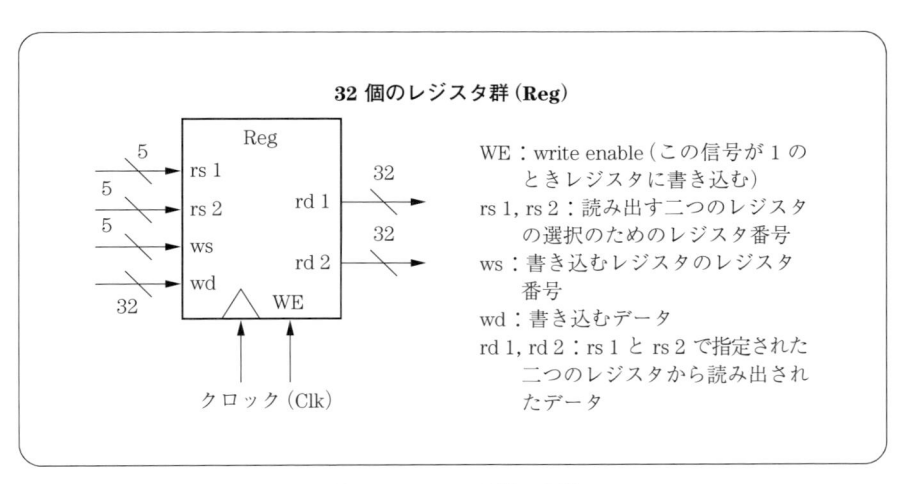

図9.11 レジスタ群の仕様

9. ハードウェアの構成

- **データの読出し**　二つのレジスタ（それぞれ5ビットでレジスタ番号を指定）を入力して，それぞれのレジスタの内容を二つの出力に得られます．
- **データの書込み**　書き込むデータと書き込むレジスタ（5ビットのレジスタ番号で指定）を入力して，クロック信号が1で，かつWE信号が1のときにそのレジスタに記憶します．

では，レジスタ群を設計しましょう（**図9.12**）．まず，レジスタの1 bit を先のDフリップフロップで実現します．これを32個ならべれば1語のレジスタが完成です．次に，これを32個ならべれば，1語32 bit のレジスタが32個できあがります．

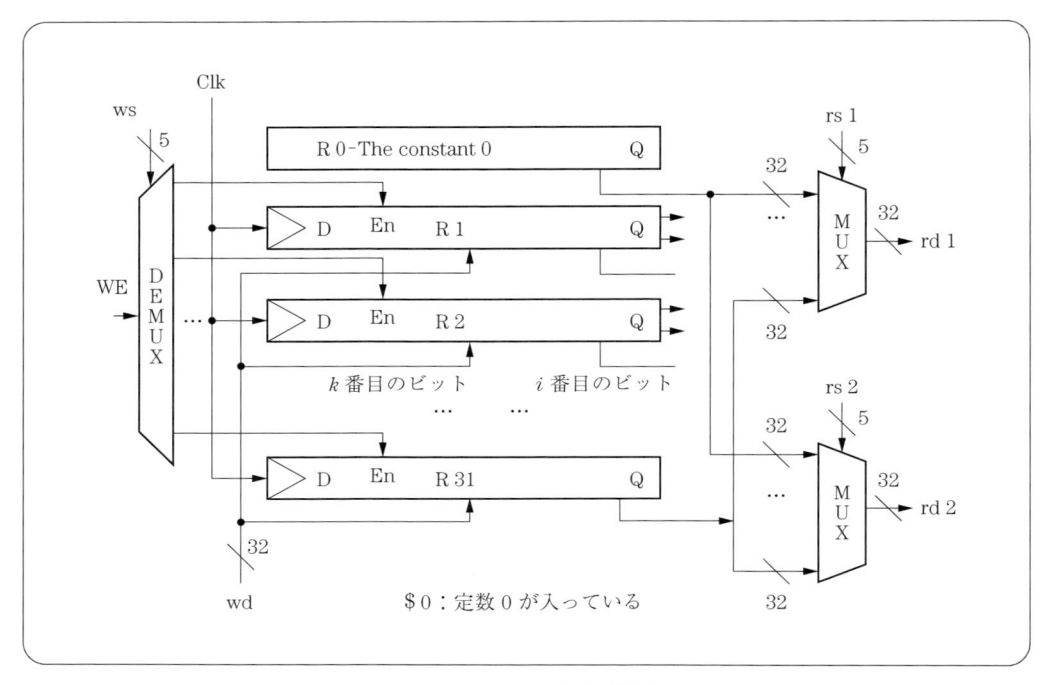

図9.12　レジスタ群の設計

もちろん，これだけで前の図のレジスタ群が完成ではありません．まず，レジスタからの読出し側の設計から始めましょう．32個のレジスタR0からR31までのレジスタのそれぞれのi番目のビットに注目します（最左ビットを31番目，最右ビットを0番目とします）．出力するのはこの32個のビットのうちの1個の値です．ではどれを選べばよいでしょうか．これを選ぶのがrs 1です．すなわちレジスタ番号rs 1のビットを選べばよいのです．32個のビットからrs 1番目のビットの値を選ぶには3章で説明したマルチプレクサが利用できます．同じような回路を32個並べれば，rs 1レジスタの内容の出力回路はできあがりです．同じような回路をrs 2レジスタの出力回路として設計します．

次に，書込み回路の設計です．再び32個のレジスタのそれぞれk番目のビットに注目し

ます．これらのビットに入力データのk番目を接続します．また，すべてのレジスタにクロック信号（Clk）を入力します．しかし，書き込むのは32個のレジスタのうちの1個です．そのレジスタのEN信号のみを1にすればそのレジスタのi番目のビットにのみ入力データの書込みが行われます．この選択のためにws信号と1入力32出力のディマルチプレクサを使用します．ディマルチプレクサには書込み指示信号（WE）が入力されます．ディマルチプレクサの出力はwsに対応する線が選ばれますから，これが入力されたレジスタに書込みが行われます．

次に，これらの部品の接続について説明します．これから設計するのは1クロックで命令を実行するマシンです（図9.13）．最初に演算命令を実行するための接続を設計します．

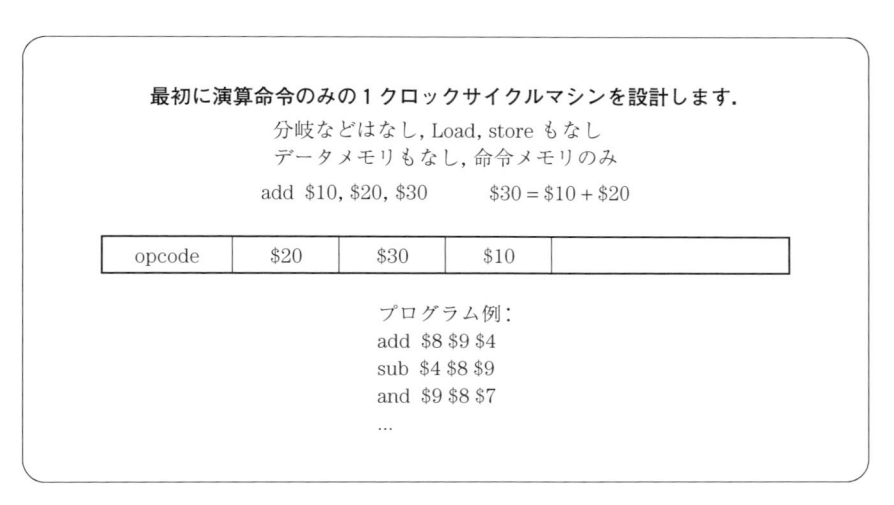

```
最初に演算命令のみの1クロックサイクルマシンを設計します．
    分岐などはなし，Load, store もなし
    データメモリもなし，命令メモリのみ
    add  $10, $20, $30      $30 = $10 + $20

| opcode | $20 | $30 | $10 |

    プログラム例：
    add  $8 $9 $4
    sub  $4 $8 $9
    and  $9 $8 $7
    ...
```

図9.13　1クロックマシン

命令フェッチ回路は図9.14のようになります．プログラムカウンタの出力が命令メモリのアドレス部に接続されて，指定されたアドレスに入っている命令が読み出されます．それ

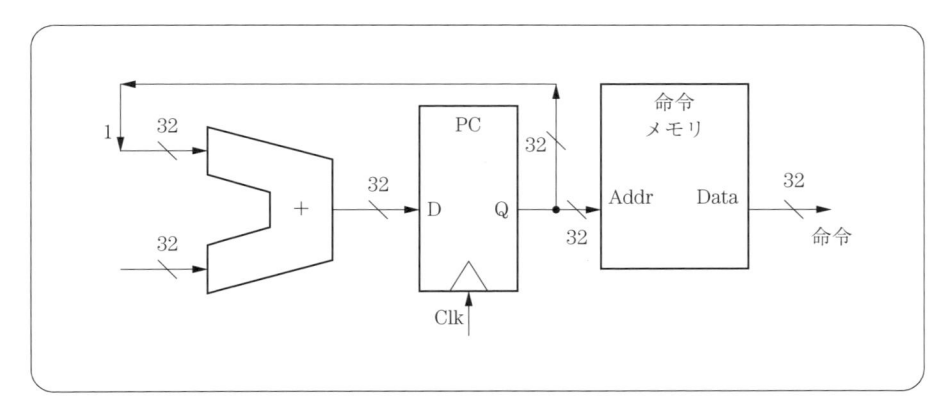

図9.14　命令フェッチ回路

136　　9. ハードウェアの構成

と並行して，次の命令を読み出すためにプログラムカウンタの値に1を加えて，その値をプログラムカウンタ（PC）にしまいます．しまうタイミングはクロックが1になるときです．

演算実行のための回路は簡単です．**図 9.15** に示すようにレジスタ群から読み出された二つのオペランドの値を ALU の二つの入力に接続します．ALU がどのような演算を実行するかは命令を見れば分かります．

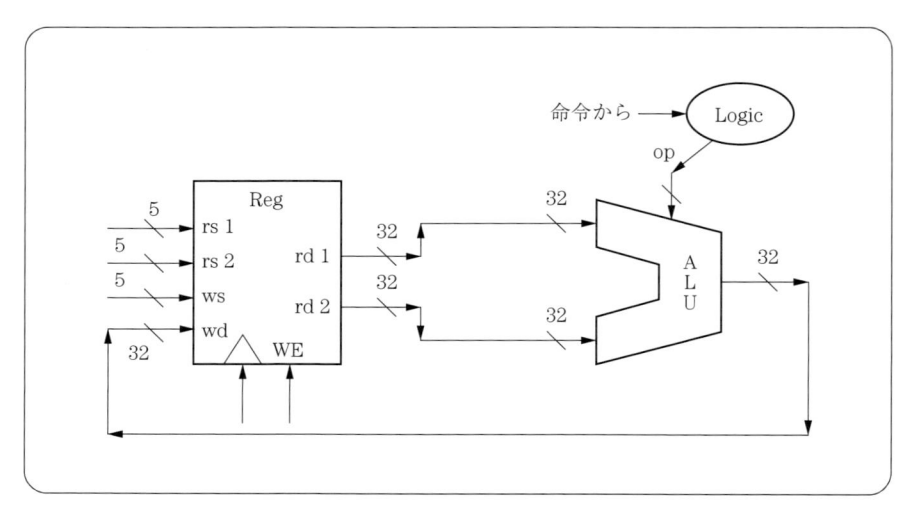

図 9.15　演算回路

演算命令ではメモリにアクセスする必要はありませんので図 9.6 に示したデータフェッチ（DF）のフェーズに対応する処理はありません（**図 9.16**）．

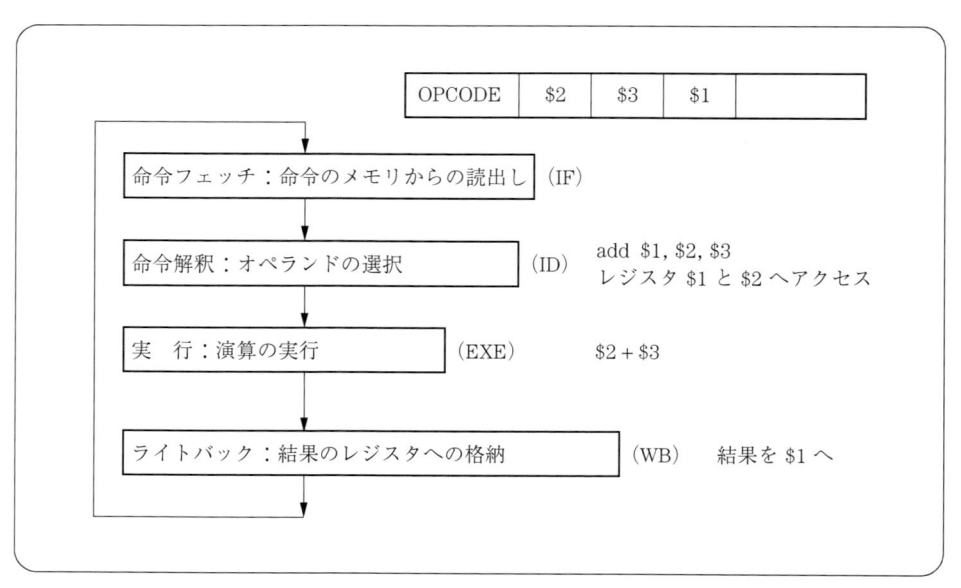

図 9.16　演算命令実行のフェーズ

レジスタ群のどのレジスタからオペランドを読み出して，どのレジスタに結果をしまうのかは命令コードの対応するレジスタ指定のビット（5 bit が 3 組）に記述されていますから，図 9.17 のように命令コードとレジスタ群対応するレジスタ指定入力（rs 1，rs 2，ws）を接続します．また，実行すべき演算（add，sub ほか）の種別も命令コードを見れば分かり

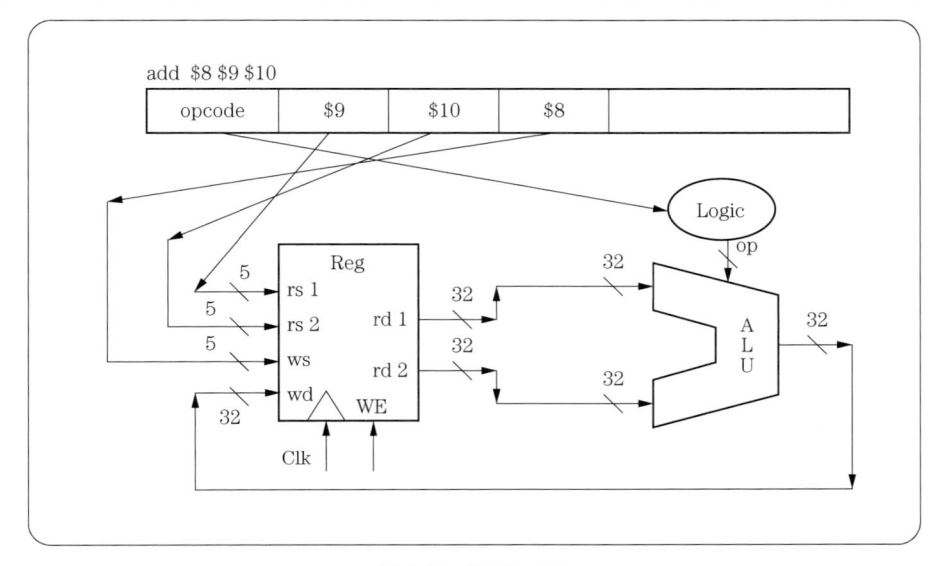

図 9.17 演算回路

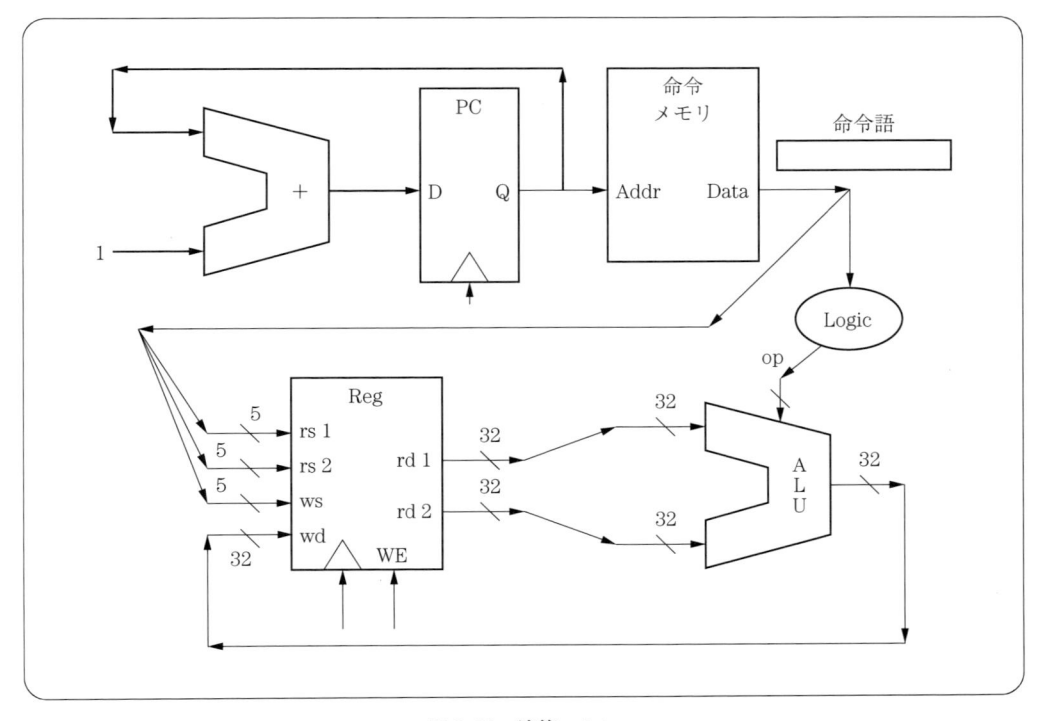

図 9.18 演算マシン

ますので，その情報をALUの演算指定のためのオペレーション信号に入力します．

命令で指定された二つのオペランドのレジスタの内容が読み出されてALUが指定された演算を行い，その結果が命令で指定されたレジスタに書き込まれます．レジスタに書き込むタイミングはクロックが1になったときです．

前記の命令フェッチ回路と演算回路を一つにまとめたのが**図9.18**の演算マシンです．この演算マシンは命令メモリに格納された演算命令の列を1語ずつ実行します．実行は1クロックごとに1命令です．

次に，lwやswのようなメモリアクセス命令を追加しましょう．メモリアクセス命令の実行の流れを**図9.19**に示しました．

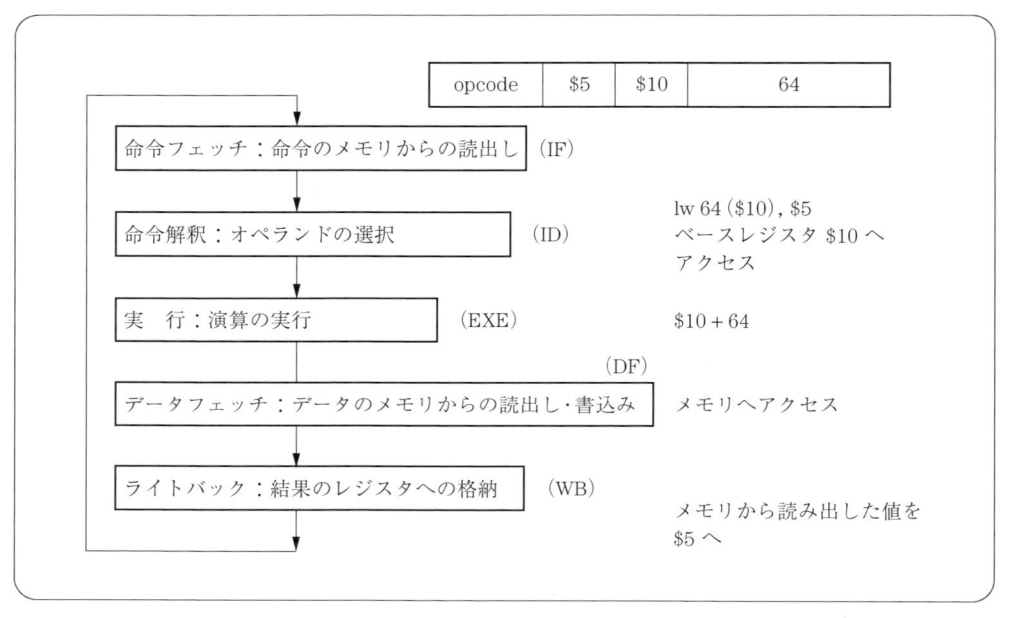

図9.19 メモリアクセス命令の実行の流れ

lw命令では，命令フェッチの次にベースレジスタの内容と命令中の相対アドレスを加えてメモリアドレスを求めます．これが実行フェーズです．次に，このメモリアドレスを使ってデータメモリから対応する語の内容を読み出します．最後に，これを指定されたレジスタに書き込んで命令実行が終わりです．

sw命令では，アドレス計算までは同じですが，指定されたレジスタの内容をこのアドレスのメモリ語に書き込みます．sw命令ではWBフェーズの処理は不要です．

アドレス計算のための接続は**図9.20**のとおりです．

ベースレジスタの選択のために命令のベースレジスタ指定部（rt）をレジスタ群のrs1に

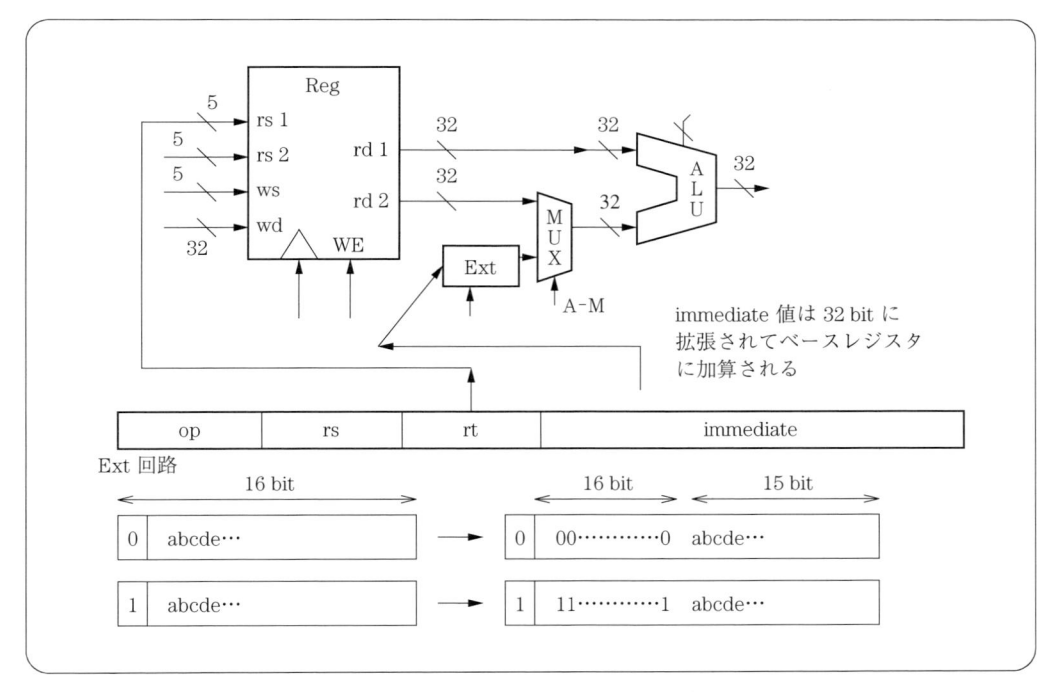

図 9.20 アドレス計算のための接続

接続します．その出力 rd 1 を ALU の一番目のオペランドとして接続します．アドレス計算はベースアドレスの値に命令の相対アドレス部を加えるので，相対アドレス部を ALU の 2 番目のオペランドとして接続します．なお，命令の相対アドレス部は 16 bit ですので，これをベースレジスタの 32 bit の値に加えるために 16 bit の数値を 32 bit の数値に拡張する回路（Ext）を用意します．Ext 回路は図のように相対アドレスの正負を見て，正なら符号ビットのあとに 16 個の 1 を，負なら同じく符号ビットのあとに 16 個の 1 を，それぞれ加えて 16 bit を 32 bit に拡張します．相対アドレスが正（a）なら実行中の命令アドレスから a 番地先のアドレスに，また負（−a）なら a 番地後のアドレスに分岐します．

また，ALU の 2 番目のオペランドには，演算命令の実行時には rd 2 を，またメモリアクセス命令の実行時には Ext の出力を，それぞれ入力するので，命令の種別によってこの二つの入力の切替えをしなければなりません．そのために，ここでもマルチプレクサを使用します．このマルチプレクサは rd 2 と Ext の出力を入力として，制御信号 A-M が 0 なら r 2 を，1 なら Ext 出力を選択します．ALU の出力はメモリアクセスのためにメモリの Addr 入力に接続されます．

メモリも含めてメモリアクセス命令実行のための接続を**図 9.21** に示します．図 9.17 に加えられた部分について説明します．

まず，lw 命令に関する接続です．

140   9. ハードウェアの構成

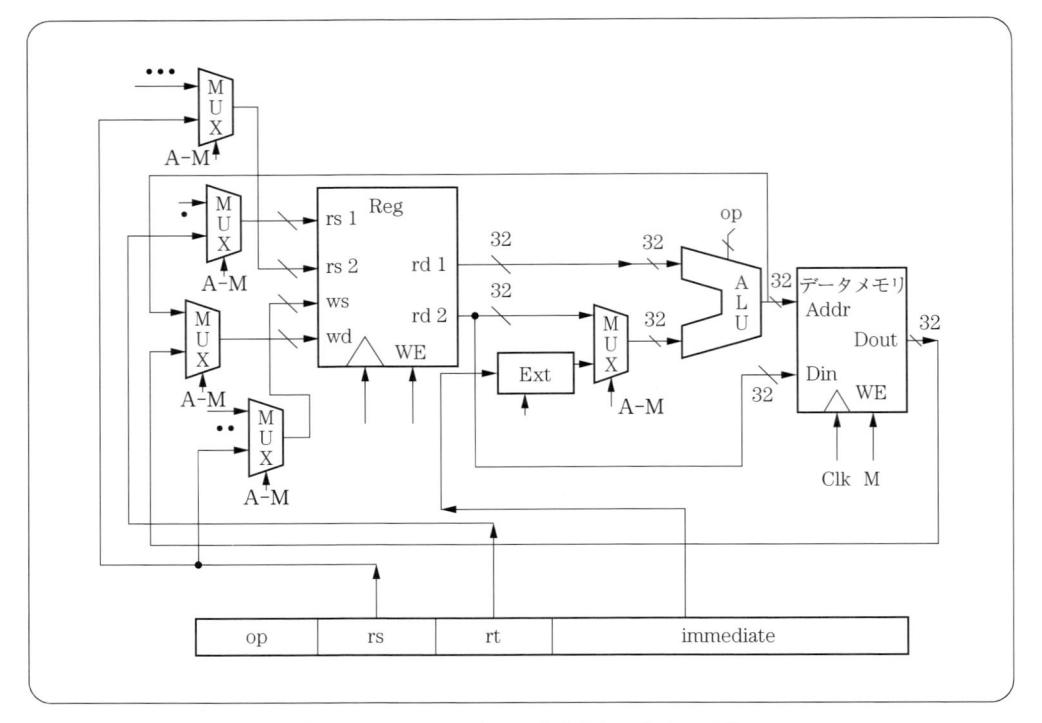

図 9.21　メモリアクセス命令実行のための接続

- ベースレジスタ指定のために命令のベールレジスタ番号（rt）をレジスタ群のrs 1に接続しました．しかし，ここには演算命令のときに第一オペランドのレジスタ番号がすでに接続されていました．したがって，演算命令実行時にはオペランドレジスタ番号指定を，メモリアクセス命令実行時には命令のベースアドレス番号を，それぞれ選択する回路が必要です．そのためにマルチプレクサを使います．制御信号 A-M が 0（演算命令）なら演算命令のオペランドレジスタ番号，1ならメモリアクセス命令のベースレジスタ番号を選びます．
- データメモリにアクセスするアドレスとして ALU の出力を Addr に入力します．
- データメモリから読み出されたデータは指定されたレジスタにしまいます．そのためにメモリの出力 Dout をレジスタ群のデータ入力 wd に接続します．ただし，ここにはすでに演算命令のときに演算結果をレジスタの格納するために ALU の出力が接続されていました．したがって演算命令実行時には ALU 出力を，メモリアクセス命令実行時には Dout を，それぞれ選択する回路が必要です．そのためにマルチプレクサを使います．制御信号 A-M が 0（演算命令）なら ALU 出力，1 なら Dout を選びます．
- データをしまうレジスタ番号（rs）をレジスタ群の ws に入力します．この番号は命令のレジスタ指定に書いてありますからこれを wd に接続します．ただしここにも演算命令の

9.2 CPUの構成

ときに演算結果を格納するレジスタ番号がすでに接続されていますので，上記と同様にマルチプレクサと制御信号 A-M を使って，演算結果の格納用レジスタ番号とメモリアクセス命令のデータ格納レジスタ番号の選択を行います．

- 最後にレジスタにデータを書き込むためにレジスタ群の WE 信号を 1 にします．

なおレジスタ群にデータを書き込むのは，演算命令と lw 命令ですので，これらの命令実行のときに WE が 1 になるようにします．このためには命令の op 部分を見ます．

次に，sw 命令に関する接続です．

- アドレス計算までは lw 命令と同じです．
- sw 命令ではデータメモリに書き込みますが，書き込むためのデータをレジスタ群から読み出す必要があります．そのために命令のレジスタ番号（rs）をレジスタ群の rs 2 に接続します．ただし，ここにも演算命令の時に第 2 オペランドの番号が接続されていますので，これまでと同様に演算命令のレジスタ番号とメモリアクセス命令のレジスタ番号の選択のためマルチプレクサを使用します．
- レジスタ群の rd 2 出力がデータメモリに書き込むべきデータになりますので，これをメモリの Din 入力に接続します．
- 最後にメモリに書き込むためにデータメモリの WE 信号を 1 にします．

なお，データメモリに書き込むのは sw 命令実行時のみです．

最後に判断分岐命令の実行の流れについて説明します（図 9.22）．

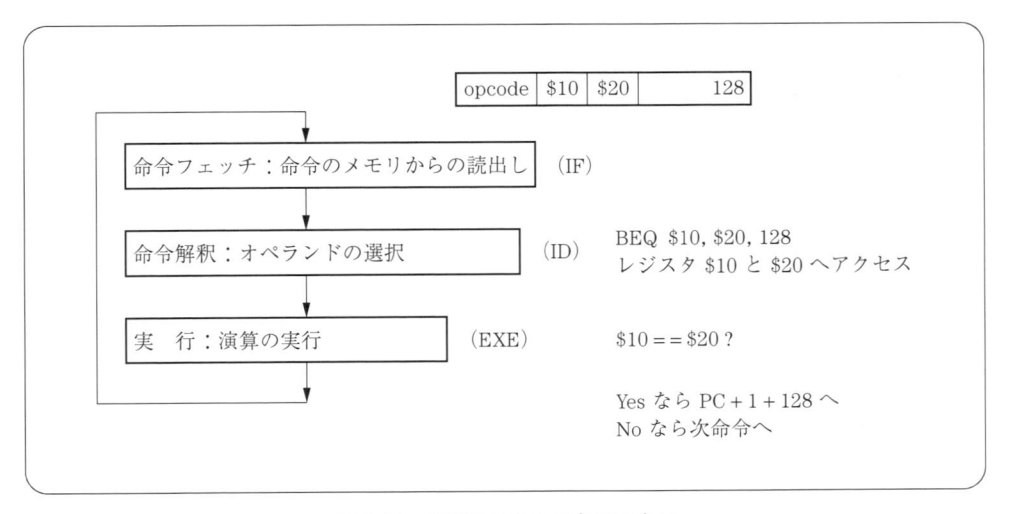

```
              ┌──────────────────┐
              │ opcode │ $10 │ $20 │    128    │
              └──────────────────┘
  ┌──────────────────────────────┐
  │ 命令フェッチ：命令のメモリからの読出し  │ (IF)
  └──────────────────────────────┘
              ↓
  ┌──────────────────────────────┐
  │ 命令解釈：オペランドの選択          │ (ID)   BEQ $10, $20, 128
  └──────────────────────────────┘         レジスタ $10 と $20 へアクセス
              ↓
  ┌──────────────────────────────┐
  │ 実  行：演算の実行               │ (EXE)  $10 == $20 ?
  └──────────────────────────────┘
                                          Yes なら PC + 1 + 128 へ
                                          No なら次命令へ
```

図 9.22　判断分岐命令の実行の流れ

命令を読み出して，次に比較すべき二つのレジスタの内容をレジスタ群から読み出します．命令実行フェーズではこの二つの値の比較を行います．結果は ALU から比較演算実行

結果として出力されます．この結果を使って分岐するか否かが決定されます．

判断分岐命令のための接続ですが，もう一度演算命令の接続図に戻ってみましょう．**図 9.23** に示すように演算命令の二つのオペランドと判断分岐命令の二つのオペランドは命令語中で同じビット位置にあります．したがって，比較に使う二つのオペランドレジスタの番号を命令語からレジスタ群の rs 1 と rs 2 に入力する接続は演算命令のそれをそのまま使うことができます．付け加える接続は ALU からの比較結果の出力線です．

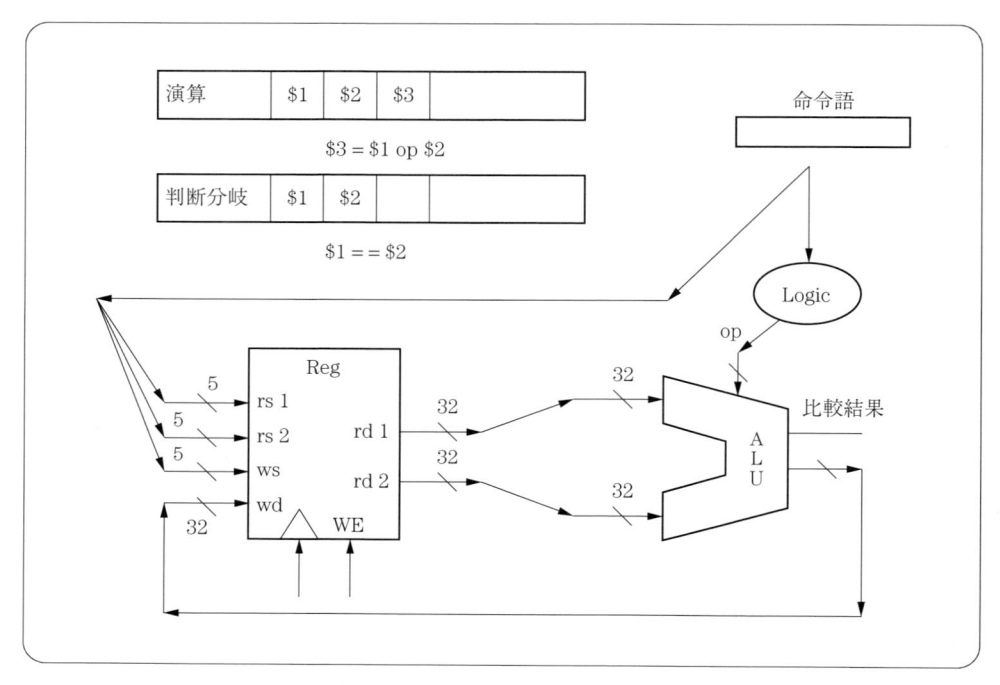

図 9.23 判断分岐命令のための接続

この図で得られた比較結果を使って分岐先アドレスを決めるための命令フェッチ回路の接続を**図 9.24** に示しました．分岐がないときには 32 bit の加算器で PC の値と 1 を加えてその結果を次の命令フェッチのアドレスとして PC に書き込みました．もし，判断が成立して分岐する場合には図の下半分の接続が使われます．すなわち命令の分岐先アドレス（相対アドレス）が PC の値に加えられて，これを PC に書き込みます．PC の次のアドレスと分岐先のアドレスのいずれを選択するかは，判断結果によります．この選択にまたマルチプレクサが使われます．前の図の比較結果がマルチプレクサの制御信号になります．制御信号の値が 0（すなわち条件が成立しなかった）なら PC+1 が，1（すなわち判断が成立した）なら PC+1+immediate が，次の命令アドレスとして選択されて PC に入れられます．

図 9.25 は演算回路をまとめたものです．

9.2 CPUの構成

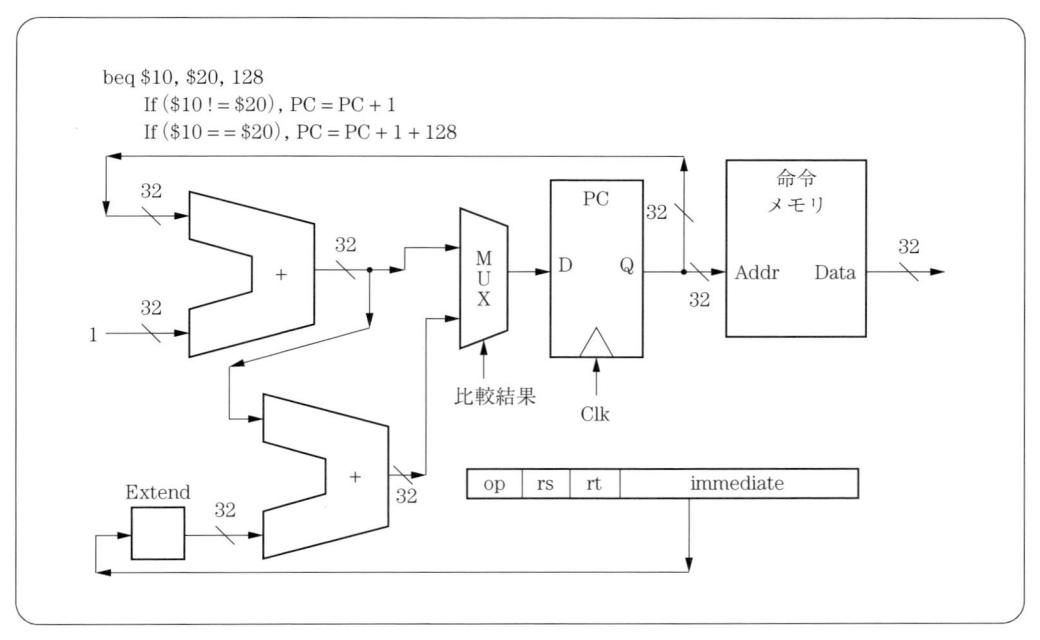

beq $10, $20, 128
 If ($10 != $20), PC = PC + 1
 If ($10 == $20), PC = PC + 1 + 128

図9.24 命令フェッチ回路の接続

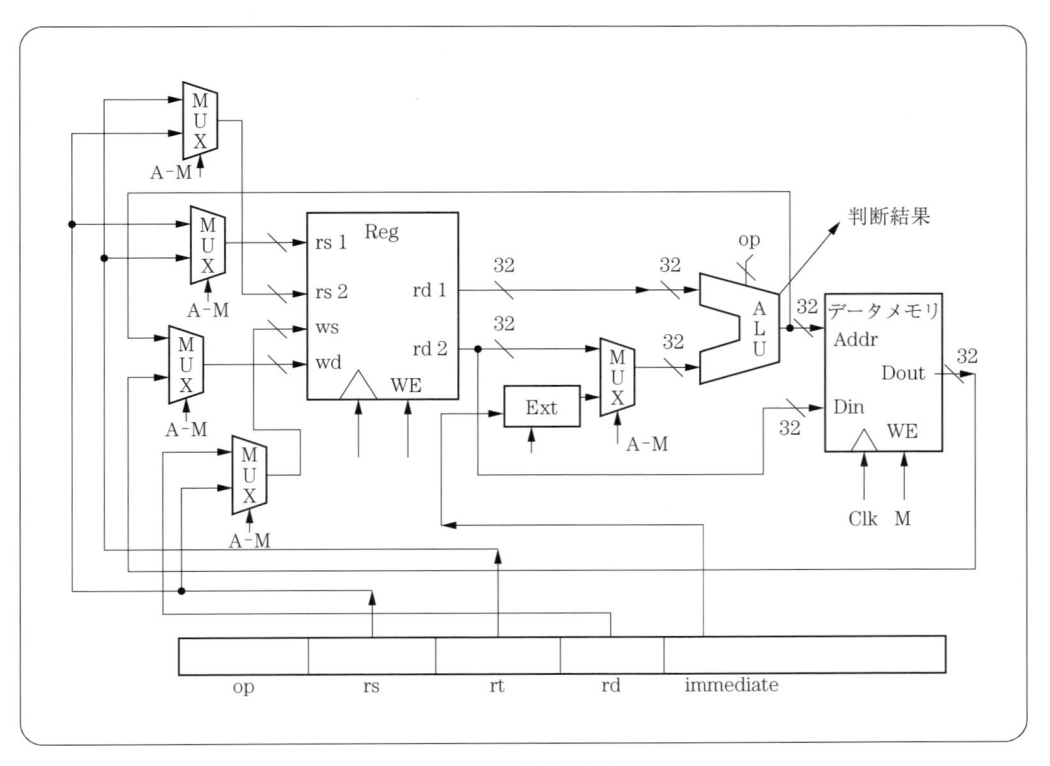

図9.25 演算回路

本章のまとめ

❶ クロック
❷ 命令実行フェーズ　　命令フェッチ，解釈，実行，データフェッチ，ライトバック
❸ 演算実行回路
❹ プログラムカウンタ
❺ レジスタ群
❻ 命令フェッチ回路
❼ メモリアクセス回路　　アドレス計算
❽ 判断分岐命令

● 理解度の確認 ●

問 9.1　1クロックマシンのハードウェアの設計（命令フェッチ回路と命令実行回路）を完成させなさい．

問 9.2　実際のコンピュータでは1命令の実行には複数クロックが使われます．その理由について考えなさい．

参 考 文 献

　本書の内容をさらに詳しく学習するための文献は，インターネットなどで調べれば多数が見つかります．以下に挙げたのは，その中のほんの一部です．

1) 坂井修一：論理回路入門，培風館（2003）
2) 中澤喜三郎：計算機アーキテクチャと構成方式，朝倉書店（1995）
3) ティム・リンドホルム，フランク・イェリン：Java 仮想マシン仕様，ピアソンエデュケーション（2001）
4) 中田育男：コンパイラの構成と最適化，朝倉書店（1999）
5) 上田 徹：あたらしい情報数学，牧野書店（2004）
6) 川合秀実：OS 自作入門，マイナビ（2006）
7) David A. Patterson and John I. Hennessy：Computer architecture, A Quantitative Approach, 3rd Edition, Morgan Kaufman（2002）（初版のみ邦訳　富田真治，村上和彰，新實治男：コンピュータ・アーキテクチャ，日経 BP 社（1992））

あとがき

　以上がコンピュータのハードウェアとソフトウェアの基本的な構成です．これらの基本はいつの時代にも通用する考え方ですから，ぜひ全体を通して理解してください．本書では扱うことができませんでしたが，VHDLというプログラミング言語によく似た言語があり，これを使えば論理回路を書かなくてもプログラムを書くのと同じ感覚で論理回路を設計することができますので，ぜひこれについても学習してみてください．それができたら，自分で簡単なコンピュータのハードウェアの設計と，VMならびにコンパイラの制作をすることをお勧めします．頭では分かったつもりでも，実際に手を動かしてみないと本当の理解はできません．

　他の工学の分野と同様にコンピュータの分野も技術の進歩には目覚ましいものがあります．本書で説明したような基本的な技術については，せいぜい半年くらいで理解して，一日も早くさらに新しい技術の修得に進みましょう．

索　引

【あ】
アセンブラ ……………………… 2
アセンブラ言語 ……………… 2, 34
アドレス（番地） ……………… 28
アドレス変換 …………………… 117
アルゴリズム …………………… 92

【い】
一時作業域 ……………………… 107
1の補数 …………………………… 9
一般命令 ………………………… 101

【え】
演算回路 ………………………… 138
演算器 …………………………… 34
演算命令 ………………………… 35

【お】
オペランド ……………………… 34
オペレーティングシステム … 100
オンデマンドページング … 118

【か】
回　復 …………………………… 106
外部参照表 ……………………… 105
外部定義表 ……………………… 105
書換え規則 ……………………… 65
加算命令 ………………………… 35
仮　数 …………………………… 13
数の正負 ………………………… 8
仮想アドレス …………………… 115
仮想空間 ………………………… 119
仮想マシン …………………… 2, 49
カーネル ………………………… 100
関数呼出し文 …………………… 60

【き】
機械語命令 …………………… 2, 34
基　数 …………………………… 13
局所データ ……………………… 59

【く】
クロック周期 …………………… 128

【け】
減算命令 ………………………… 35

【こ】
語 ………………………………… 14
高級言語 ………………………… 2
構文解析 …………………… 73, 75
固定アドレス方式 ……………… 45
固定小数点方式 ………………… 13
コールスタック ……………… 59, 105
コンパイラ ……………………… 2
コンピュータアーキテクチャ … 2

【さ】
サイクル ………………………… 128
サーチ時間 ……………………… 123
サンプリング …………………… 19

【し】
字　句 …………………………… 70
字句解析部 ……………………… 70
指　数 …………………………… 13
実アドレス ……………………… 115
実　行 …………………………… 131
実行中 …………………………… 109
実行待ち ………………………… 110
終端記号 ………………………… 64
終了待ち ………………………… 109
受容器 …………………………… 66
順序回路 ………………………… 29
乗算命令 ………………………… 35
状態遷移図 ……………………… 29
情報量 …………………………… 86
真理値表 ……………………… 22, 24

【す】
スタック ………………………… 53
スタックフレーム ……………… 59
スタックポインタ ……………… 55
ストア命令 ……………………… 36

【せ】
正規文法 ………………………… 67
静的割当て領域 ………………… 83

【そ】
セグメント ……………………… 57
絶対アドレス …………………… 103
絶対符号形式 …………………… 8
ゼロオペランド方式 …………… 54
ゼロ捨一入 ……………………… 16
全加算器 ………………………… 24
線形探索 ………………………… 93

【そ】
相対アドレス …………………… 103

【た】
退　避 …………………………… 106
多重仮想空間 …………………… 119
多重プログラミング …………… 108

【ち】
中央処理装置 …………………… 2
チューリングマシン …………… 94

【て】
停止状態 ………………………… 95
ディスク ………………………… 122
ディマルチプレクサ …………… 27
データフェッチ ………………… 131
データメモリ …………………… 130

【と】
動的割当て領域 ………………… 83
特権命令 ………………………… 101
トップ …………………………… 53

【に】
2進数 …………………………… 4
2の補数 ………………………… 9
二分探索 ………………………… 93
入出力の処理 …………………… 122

【は】
排他的占有 ……………………… 114
バイト命令（バイトコード） … 50
バックトラック ……………… 77, 78
半加算器 ………………………… 24
判　断 …………………………… 38
判断分岐命令 …………………… 38

索引

万能チューリングマシン ……96

【ひ】
非印刷可能文字 ……………18
引き数 ………………………106
非終端記号 …………………64
左再帰性 ……………………77

【ふ】
プッシュ ……………………53
浮動小数点方式 ……………13
フリップフロップ …………27
プログラムカウンタ ………40
プロシージャ ………………41
プロセス …………………108
プロセススケジューリング 110
プロセスディスパッチャ …110
プロセスの協調機能 ………112
プロセスの状態 ……………109
分　岐 ………………………39
分岐命令 ……………………41
文法と意味 …………………64
文脈自由文法 ………………69

【へ】
ページテーブル ……………116
ページ不在 …………………118

【ほ】
ベースレジスタ方式 ………36
補数表現 ……………………8
ポップ ………………………53
ポーリッシュ記法 …………80

【ま】
マルチプレクサ ……………26

【み】
ミドルウェア ……………100

【め】
命令解釈 ……………………131
命令カウンタ ………………40
命令フェッチ ………………131
命令フェッチ回路 …………135
命令メモリ …………………130
メモリ ………………………28

【も】
戻りアドレス ………………106

【ゆ】
有限オートマトン …………68

【ら】
ライトバック ………………131

【り】
リターンアドレス …………59
リロケーション処理 ………103
リロケーション辞書 ………103
リンク ………………………103

【れ】
レジスタ ……………………34
レジスタ退避域 ……………106

【ろ】
ロック ………………………113
ロード処理 …………………103
ロード命令 …………………36
論理式 ………………………23

【わ】
割込み ………………………43
割込みベクトル方式 ………45
割り算命令 …………………35

【A】
AND 回路 ……………………22
ANSI 7 ビットコード ………17

【C】
CPU …………………………2

【D】
D フリップフロップ ………128

【I】
IEEE 浮動小数点表示 ………14
Infix 記法 ……………………80

【J】
jal 命令 ………………………41

【Ja】
Jamming ……………………16

【L】
LRU …………………………119

【N】
NAND 回路 …………………23
NOT 回路 ……………………22

【O】
OR 回路 ……………………22

【P】
Postfix 記法 …………………80

【R】
ready キュー ………………110

【RS】
RS フリップフロップ ………28

【S】
Shannon の標本化定理 ……20
SWI 命令 ……………………101

【T】
top-down parser ……………75

【V】
VM エミュレータ …………2

【W】
wait キュー …………………110

―― 著者略歴 ――

村岡　洋一（むらおか　よういち）
1971 年　イリノイ大学計算機学科大学院修了
　　　　　Ph. D.
2013 年　早稲田大学名誉教授

コンピュータの基礎
Basis of Computer Organization

　　　　　　　　　　　　Ⓒ 一般社団法人　電子情報通信学会　2014

2014 年 2 月 28 日　初版第 1 刷発行

検印省略	編　者	一般社団法人 電子情報通信学会 http://www.ieice.org/
	著　者	村　岡　洋　一
	発行者	株式会社　コロナ社 代表者　牛来真也

112-0011　東京都文京区千石 4-46-10
発行所　株式会社　コロナ社
CORONA PUBLISHING CO., LTD.
Tokyo Japan　　Printed in Japan
振替 00140-8-14844・電話(03)3941-3131(代)
http://www.coronasha.co.jp

ISBN 978-4-339-01806-6
印刷：壮光舎印刷／製本：グリーン

本書のコピー，スキャン，デジタル化等の無断複製・転載は著作権法上での例外を除き禁じられております。購入者以外の第三者による本書の電子データ化及び電子書籍化は，いかなる場合も認めておりません。

落丁・乱丁本はお取替えいたします

電子情報通信レクチャーシリーズ

■電子情報通信学会編　（各巻B5判）
白ヌキ数字は配本順を表します。

				頁	本体
	A-1	電子情報通信と産業	西村吉雄著		近刊
⑭	A-2	電子情報通信技術史 ―おもに日本を中心としたマイルストーン―	「技術と歴史」研究会編	276	4700円
㉖	A-3	情報社会・セキュリティ・倫理	辻井重男著	172	3000円
⑥	A-5	情報リテラシーとプレゼンテーション	青木由直著	216	3400円
㉙	A-6	コンピュータの基礎	村岡洋一著	160	2800円
⑲	A-7	情報通信ネットワーク	水澤純一著	192	3000円
⑨	B-6	オートマトン・言語と計算理論	岩間一雄著	186	3000円
①	B-10	電磁気学	後藤尚久著	186	2900円
⑳	B-11	基礎電子物性工学 ―量子力学の基本と応用―	阿部正紀著	154	2700円
④	B-12	波動解析基礎	小柴正則著	162	2600円
②	B-13	電磁気計測	岩﨑俊著	182	2900円
⑬	C-1	情報・符号・暗号の理論	今井秀樹著	220	3500円
㉕	C-3	電子回路	関根慶太郎著	190	3300円
㉑	C-4	数理計画法	山下・福島共著	192	3000円
⑰	C-6	インターネット工学	後藤・外山共著	162	2800円
③	C-7	画像・メディア工学	吹抜敬彦著	182	2900円
⑪	C-9	コンピュータアーキテクチャ	坂井修一著	158	2700円
㉗	C-14	電子デバイス	和保孝夫著	198	3200円
⑧	C-15	光・電磁波工学	鹿子嶋憲一著	200	3300円
㉘	C-16	電子物性工学	奥村次徳著	160	2800円
㉒	D-3	非線形理論	香田徹著	208	3600円
㉓	D-5	モバイルコミュニケーション	中川・大槻共著	176	3000円
⑫	D-8	現代暗号の基礎数理	黒澤・尾形共著	198	3100円
⑱	D-11	結像光学の基礎	本田捷夫著	174	3000円
⑤	D-14	並列分散処理	谷口秀夫著	148	2300円
⑯	D-17	VLSI工学―基礎・設計編―	岩田穆著	182	3100円
⑩	D-18	超高速エレクトロニクス	中村・三島共著	158	2600円
㉔	D-23	バイオ情報学 ―パーソナルゲノム解析から生体シミュレーションまで―	小長谷明彦著	172	3000円
⑦	D-24	脳工学	武田常広著	240	3800円
⑮	D-27	VLSI工学―製造プロセス編―	角南英夫著	204	3300円

以下続刊

共通
A-4	メディアと人間	原島・北川共著
A-8	マイクロエレクトロニクス	亀山充隆著
A-9	電子物性とデバイス	益・天川共著

基礎
B-1	電気電子基礎数学	大石進一著
B-2	基礎電気回路	篠田庄司著
B-3	信号とシステム	荒川薫著
B-5	論理回路	安浦寛人著
B-7	コンピュータプログラミング	富樫敦著
B-8	データ構造とアルゴリズム	岩沼宏治著
B-9	ネットワーク工学	仙石・田村・中野共著

基盤
C-2	ディジタル信号処理	西原明法著
C-5	通信システム工学	三木哲也著
C-8	音声・言語処理	広瀬啓吉著
C-10	オペレーティングシステム	
C-11	ソフトウェア基礎	外山芳人著
C-12	データベース	
C-13	集積回路設計	浅田邦博著

展開
D-1	量子情報工学	山崎浩一著
D-2	複雑性科学	
D-4	ソフトコンピューティング	山川・堀尾共著
D-6	モバイルコンピューティング	
D-7	データ圧縮	谷本正幸著
D-10	ヒューマンインタフェース	
D-12	コンピュータグラフィックス	
D-13	自然言語処理	松本裕治著
D-15	電波システム工学	唐沢・藤井共著
D-16	電磁環境工学	徳田正満著
D-19	量子効果エレクトロニクス	荒川泰彦著
D-20	先端光エレクトロニクス	
D-21	先端マイクロエレクトロニクス	
D-22	ゲノム情報処理	高木・小池編著
D-25	生体・福祉工学	伊福部達著
D-26	医用工学	

定価は本体価格+税です。
定価は変更されることがありますのでご了承下さい。

図書目録進呈◆